동물보건영상학

Animal Health Imaging Technology

김경민 · 이왕희 · 정재용 · 천정환 · 천행복 · 황인수 공저

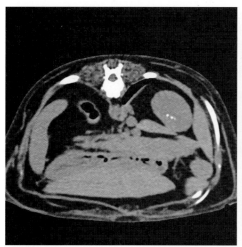

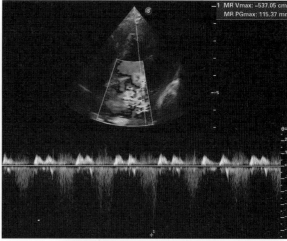

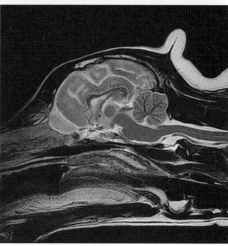

박영
story

머리말

동물의료분야에서 영상진단은 동물의 상태 확인, 질병의 진단, 치료 및 경과 확인을 위해 매우 중요하고 기본적인 진단검사 중 하나이며 엑스선(X-ray) 촬영뿐만 아니라 전자기장, 초음파 등을 이용하여 신체 부위의 영상을 획득하는 영상진단법은 빠르게 발전하고 있다. 따라서 동물병원에서 수의사를 보조하는 동물보건사는 이러한 영상진단 장비에 대한 기본 개념과 정확한 검사보조를 위한 폭넓은 이해가 필요하다.

처음 영상진단기기를 접하는 학생 및 동물보건사들은 영상진단기기의 사용과 검사 과정을 어려워하는 경우가 많다. 이 책은 처음 영상진단기기를 접하는 동물보건사 양성기관 학생들을 위한 동물보건영상학 교과서로써, 영상진단기기의 기본 원리와 검사 방법에 대해 가능한 쉽게 풀어서 설명하고자 하였다.

첫 장에서는 동물병원에서 가장 보편적으로 사용하는 방사선검사의 원리와 부위별 검사 방법에 대해 서술하였다. 촬영한 방사선 사진의 정상 해부학적 구조에 대한 이해를 돕기 위해 실제 방사선 사진과 정상 구조물을 그림으로 표현함으로써 영상 판독 전 동물보건사가 직접 부위별 정확한 검사가 진행되었는지, 재촬영을 해야 하는지 확인할 수 있는 능력을 기를 수 있도록 올바른 방사선 사진 촬영을 위한 정보를 제공하고자 하였다. 그 외에도 비침습적이면서 신체 부위를 영상화하고 실시간 혈류의 흐름도 확인할 수 있는 초음파검사, 고해상도의 해부구조 단면을 관찰할 수 있고 3차원 영상 구현이 가능한 CT 그리고 MRI 검사의 기본 원리와 검사 방법에 대해 다룸으로써 동물보건사의 실무 역량 강화에 도움이 되고자 하였다.

이 책에서는 독자들이 동물의료 관련 용어를 쉽게 이해할 수 있도록 최대한 한글용어를 사용하고자 '새로운 수의학용어집(2018)'을 기준으로 서술하였으나 동물의료현장에서 일반적으로 통용되어 한글화 용어가 한문용어 또는 영문용어에 비해 효과적이지 않다고 판단되는 경우 기존의 한문용어와 영어단어를 병기하여 서술하였다.

마지막으로 이 책을 통해 동물보건사가 되고자하는 많은 학생들과 현직에 있는 동물보건사들이 동물의료현장에서 요구하는 정확하고 신속한 영상진단보조 업무를 수행하는데 도움이 되길 바라며, 이 책이 출간될 수 있도록 여러모로 도움 주신 박영스토리 관계자 여러분께 깊은 감사의 마음을 표한다.

대표저자 김경민

차 례

1

방사선검사 원리의 이해와
촬영 준비

CHAPTER 01

방사선 발생 원리와 장비의 구성

01 방사선의 기본 특성

독일의 물리학자인 빌헬름 콘라트 뢴트겐(Wilhelm Conrad Roentgen)은 다양한 종류의 진공관을 가지고 여러 가지 실험을 진행하던 도중에, 어떠한 빛이 나올 수 없도록 완전하게 밀봉된 진공관 밖에 있는 형광물질이 밝게 빛나는 현상을 1985년에 발견하고 이를 알 수 없는 선 "엑스선(X-ray)"이라고 이름 붙여 발표하였다. 그 후 방사선을 신체에 투과하면 신체의 내부 구조물을 볼 수 있다는 것을 알게 되었고 이를 이용하여 100여 년이 지난 지금도 동물의료분야에서 널리 사용되고 있다.

엑스선은 전자기파의 일종으로 다른 전자기파로는 파장이 짧은 영역부터 감마선, 자외선, 가시광선, 적외선, 마이크로파, 라디오파 등이 있고(그림 1-1), 이 중 엑스선은 10nm(10×10^{-9}m)∼0.01nm로 자외선보다 짧은 파장의 영역이고, 감마선보다 긴 파장의 영역에 속한다. 엑스선은 질량이 없고, 눈에 보이지 않으며 직선으로 주행한다(표 1-1).

4 PART 01 방사선검사 원리의 이해와 촬영 준비

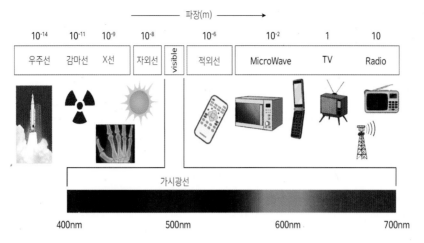

그림 1-1 전자기파 스펙트럼

▼ 표 1-1 엑스선의 특징

엑스선의 특징
· 전하를 띠지 않는다.
· 질량이 없다.
· 빛의 속도로 일정하다.
· 직선으로 주행한다.
· 눈으로 확인할 수 없고 냄새도 맛도 없다.
· 모든 물질에 어느 수준까지 투과한다.
· 엑스선은 생체조직 내에서 DNA를 손상시켜 유전자변이, 유산 또는 태아 기형, 질병 등을 유발할 수 있다.

동물병원에서 이러한 엑스선의 투과성과 비투과성을 이용하여 신체를 촬영한 영상을 만들고 이를 질환의 진단이나 치료 경과 판정에 활용하는 의료장비로는 X−ray, C−arm, CT, Fluoroscopy(엑스선투시촬영장치) 등이 있다.

02 방사선 발생의 원리

엑스선은 빠른 속도로 가속화된 전자가 금속(target)과 충돌할 때 생성된다. 이 과정은 엑스선관(X-ray tube) 안에서 일어나며, 엑스선관은 유리관 내에서 음극(cathode)에서 생성된 전자가 고전압필드를 통해 가속해 빠른 속도로 양극(anode)으로 끌려가서 양전하를 띤 표적(target)에 충돌하면서 엑스선이 발생한다.

전자의 수는 필라멘트(filament)를 통해 빠져나가는 전자의 양과 연관되고 이는 엑스선 장치에서 mA(milli ampere)라는 게이지 조절을 통해 이루어진다. 전자는 필라멘트와 표적 사이의 전압차에 의해 금속 표적을 향해 가속화되는데, 이 전위 전압차는 엑스선 장치에 있는 kVp(kilovoltage peak)로 조절된다(kVp의 증가는 음극과 양극 사이의 전압차를 증가시킨다).

양극과 충돌하는 전자 에너지는 대부분 열로 전환(99%)되므로 표적은 매우 높은 열에 잘 견디는 물질인 텅스텐(Tungsten), 몰리브덴(Molybdenum)이 주로 사용된다.

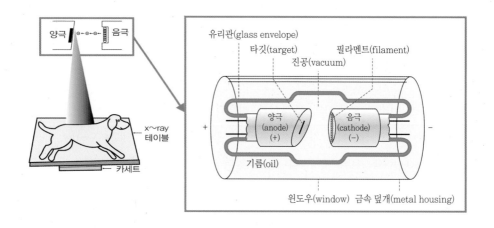

그림 1-2 엑스선관

03 방사선 장비의 구성

방사선 촬영장비는 엑스선관, 검사대(table), 제어기(controller), 고전압제어 및 발생기
(generator)로 구성되어 있다.

① **엑스선관:** 엑스선을 발생시키는 장치로 진공관 내에서 음극(filament)를 가열시켜 방
출된 전자가 관전압(kVp)에 의해 가속되어 양극(target)에 충돌하게 되며, 이때 전자
의 운동에너지가 엑스선과 열에너지로 전환된다. 초기에는 양극을 고정하여 사용하
다가 회전식 양극 엑스선관으로 발전시켜 양극의 가열을 최소화하고 엑스선의 강
도도 증대되어 고용량 장비에 사용된다.

② **검사대:** 검사를 위해 환자가 자세를 취하는 테이블로 이전에는 검사대 위에 영상
검출을 위해 필름을 넣은 카세트를 놓고 촬영했으나 최근에는 디지털 엑스선 검출
기를 대부분 사용하는 추세이다.

③ **엑스선 제어기:** 엑스선 발생, 노출조건 등을 조절하는 장치로 관전압(kV), 관전류

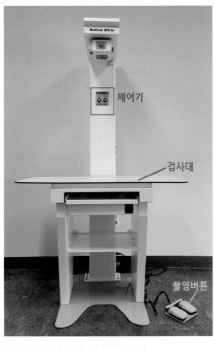
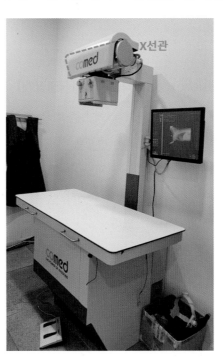

그림 1-3 방사선 장비의 구성

(mA), 촬영시간(sec)의 조절이 가능하다.

④ **고전압제어 및 발생기:** 엑스선관에서 발생하는 전자에 운동에너지를 부여하기 위한 고전압을 제어 및 발생시키는 장치이다.

04 방사선을 이용한 검사 장비의 종류

1) 단순방사선촬영장치(General radiography)

대부분의 동물병원에서 사용하고 있는 진단용 엑스선발생장치를 말한다. 엑스선이 신체와 부딪히면, 일부는 신체를 투과(transmission)하고, 일부는 흡수(absorption), 산란(scattering)되는데 이때 신체 부위에 따라 감쇠(attenuation)되는 정도가 달라 우리 눈으로 볼 수 있는, 진단에 유용한 영상을 만들어 낸다. 뢴트겐이 엑스선을 발견한 후 100여 년이 지나고 현재는 더욱 발달된 검사 장비들이 개발되어 활용되고 있지만 단순방사선촬영장치는 가장 기본이 되는 검사로 방사선을 이용한 가장 기초적인 촬영검사를 시행하는 장비이다.

2) Fluoroscopy(엑스선투시촬영장치)

투시촬영장치는 환자를 엑스선 발생 장치와 형광판 사이에 위치시켜 연속적으로 엑스선을 조사해서 움직이는 영상을 관찰할 수 있다. 영상을 즉시 관찰할 수 있으므로 검사 속도가 빠르고 정지 영상이 아닌 움직이는 동영상을 볼 수 있어 소화기계 검사 또는 방사선 조영검사에 주로 활용할 수 있으나 영상의 세밀도가 떨어지고 많은 양의 방사선에 피폭될 수 있다.

일반 방사선촬영장치와 투시촬영장치를 이해하기 쉽게 설명하자면, 휴대폰 카메라 기능 중 사진의 단순 촬영은 일반 방사선촬영검사로, 동영상 촬영은 투시촬영검사로 비유할 수 있다.

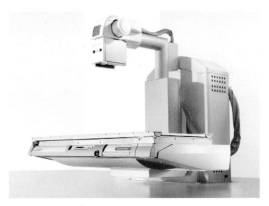

그림 1-4 디지털 투시촬영장치
(출처: 지멘스 헬시니어스,
www.siemens-healthineers.com)

3) C-arm(C자 형태의 엑스선발생장치)

C−arm은 알파벳 'C' 형태의 팔이라는 이름과 같이 C자 형태의 방사선 발생 장치로 수술 중이나 시술 중에 실시간으로 연속적으로 영상을 확인할 수 있는 장비이다.

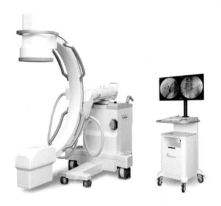

그림 1-5 C-arm
(출처: 제노레이 제공)

4) CT(전산화단층촬영장치, computed tomography)

엑스선을 이용하여 다양한 각도에서 신체의 단면상을 촬영한 후, 이를 컴퓨터로 재구성하는 촬영장치이다(PART 6 참고).

방사선영상을 형성하는 요소

방사선 촬영조건을 설정하는 데 가장 기본적이며 필수적인 요소는 관전압, 관전류, 노출시간, 초점과 영상까지의 거리이다. 이들 요소를 잘 이해하고 촬영 부위에 맞는 올바른 조건 설정으로 최상의 영상을 획득할 수 있다.

1) 관전압(kV)

엑스선관의 양극과 음극 사이의 전위 차이를 관전압(kV, kilovoltage)라고 하고 이는 엑스선 속의 강도나 투과력, 선질에 영향을 준다. "peak"라는 단어는 일정 kilovoltage setting 시 최대한으로 사용 가능한 에너지를 가리킨다. kilovoltage가 높을수록 전자는 더 빠르게 가속되고 이러한 가속으로 인해 앙극의 target에서 전자의 충돌로 생기는 엑스선 에너지의 양을 증가시킨다.

따라서 높은 kVp로 조정하면 엑스선 속은 그만큼 투과력이 높아지고 더 많은 엑스선이 영상에 도달한다.

2) 관전류(mA)

전자는 음극의 필라멘트가 가열됨으로써 생성된다. 필라멘트를 가열시키는 데 전류가 이용되는 데 이를 milliamperage(mA)로 표시한다. mA가 증가는 가용 전자의 수 증가를 뜻하고 mA는 엑스선 빔의 강도에 영향을 주며 생산된 엑스선의 양을 측정하는 척도가 된다.

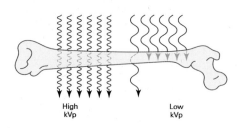

그림 1-6 kVp 수준이 투과에 미치는 영향을 나타내는 그림

일정 촬영 시 생산된 엑스선의 총량은 노출 시간에 의해서도 영향을 받는 데 노출시간은 엑스선이 튜브에서 방출되는 기간으로 단위는 second(초)이다.

관전류와 노출시간의 곱을 mAs라고 한다.

$$mA \times time(seconds) = mAs$$

같은 관접압에 같은 mAs일 경우, 관전류의 값이 크고 적음에 따라 노출시간의 차이가 나는 것이기 때문에 '동물' 환자의 호흡 움직임에 따라 영상의 질 차이가 나는 흉부 촬영의 경우 노출시간을 줄이고 관전류를 높이는 것이 일반적이다.

3) 초점(Focal spot)에서 영상까지의 거리는 FFD(초점-필름 간 거리, Focal spot-Film Distance) 또는 SID(선원과 영상 간 거리, Source Image Distance)라고 부른다. FFD는 생성되는 영상의 흑화도에 영향을 주는 데 엑스선의 강도는 거리의 제곱에 반비례(역자승의 법칙)하므로 FFD가 증가할수록 엑스선의 강도는 감소하여 필름 흑과도는 감소된다. 실제 임상에서는 FFD를 고정하여 사용하는 경우가 대부분이고 일반적으로 36-40inch(90-100cm)로 설정한다.

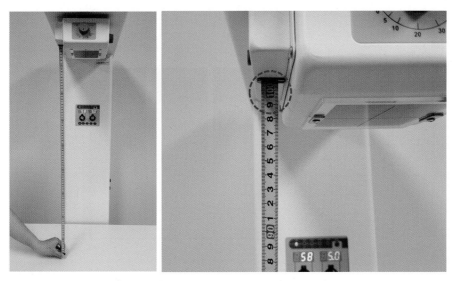

그림 1-7 초점-필름 간 거리(FFD, Focal spot-Film distance)

1) 대조도(contrast)

방사선영상을 인식하기 위해서는 검사하고자 하는 부위의 영상은 농도 차가 있어야 하고 그 농도 차가 크면 클수록 인식하기가 쉽다. 목적하는 부위의 농도 차이를 대조라고 하면 그 농도의 비율을 대조도(contrast)라고 한다. 대조도는 방사선 촬영 조건 중 관전압의 영향을 받는다. 즉 관전압이 높으면 신체 투과력이 커지므로 Long scale contrast(Low contrast)를 나타내고 관전압이 낮으면 신체 투과력이 낮아 Short scale contrast(High contrast)를 나타낸다. Long scale contrast는 '대조도가 넓다'라고 표현하고 이는 검은색부터 흰색까지의 중간색(회색)이 잘 관찰된다는 것을 뜻하고 Short scale contrast은 '대조도가 좁다'라고 표현하고 이는 영상의 표현이 검은색과 흰색으로만 구분될 뿐 중간색(회색)이 잘 표현되지 않는다는 것을 의미한다.

2) 피사체의 방사선 밀도

신체의 방사선 밀도는 기본적으로 공기, 지방, 연부조직, 뼈, 금속으로 나눌 수 있다. 그중 공기는 가장 낮은 밀도를 가지고 있어 엑스선을 가장 적게 흡수한다. 따라서 공기는 방사선영상에서 검은색으로 보인다. 지방 또한 공기보다는 밀도가 높지만 신체

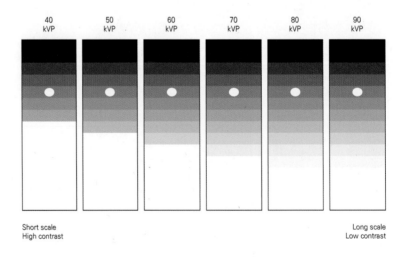

그림 1-8 대조도

내 다른 부위에 비해 낮은 밀도를 가지므로 검게 나타난다. 연부조직과 체액은 방사선 영상에서 회색으로 보이며 심장, 혈관, 간, 비장 등이 비슷한 밀도를 가지고 있어 방사선 불투명도(Radiopacity)가 유사하다. 뼈는 신체 내에서 엑스선 흡수가 많고 연부조직은 뼈보다 흡수가 적어 이 조직들 사이의 대비도는 높아진다. 방사선영상 내 발견되는 금속에는 개체에 삽입된 마이크로칩, 금속성 내고정 기구(Fixing devices), 이물 섭취 등이 있고 방사선 투과도가 낮으므로 방사선 불투과성이 높게 나타난다.

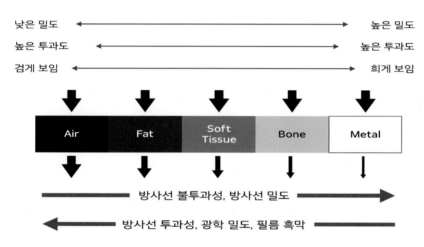

그림 1-9 신체 조직의 방사선 밀도

CHAPTER 02

방사선영상진단의 기본 개념

방사선영상진단의 기본 개념은 정상 신체의 방사선영상과 질병이 있는 환자의 방사선영상을 비교·대조해서 무엇이 다른지 찾고 정상상과 다른 영상 소견들을 종합적으로 판단하여 그로 인해 예상되는 질환은 무엇인지를 찾아내는 것이다.

01 틀린 그림찾기

틀린 그림찾기는 두 개 이상의 그림을 비교하면서 무엇이 다른지를 찾아내는 놀이이다. 아래 그림에서 서로 다른 곳을 10개 찾아보자.

Find 10 differences.

그림 1-10 틀린그림 찾기

질병을 진단하기 위해서는 정상 방사선영상의 해부학적 구조(PART 4 참고)를 이해하는 것이 필요하다. 건강한 개체의 방사선 사진을 보고 질병이 있는 환자의 영상과 비교하여 무엇이 다른지(수, 위치, 형태, 밀도 및 크기의 변화 등), 그로 인해 어떤 질병이 의심되는지를 찾아내는 과정이 방사선영상진단의 과정이다.

예를 들어 개의 흉부방사선영상에는 척추, 복장뼈, 갈비뼈, 기관과 기관지, 폐엽, 심장과 주요 혈관들, 식도, 횡격막 등으로 구성되어 있다. 이러한 해부학적 구조의 정상 방사선영상과 증상을 호소하는 환자의 영상을 비교하여 방사선학적 영상 소견을 획득하고 이를 토대로 질환을 유추하는 것이다. 이때 품종별, 나이별 개체 차이가 정상 범위인지 아닌지를 인지하고 비교해야 한다.

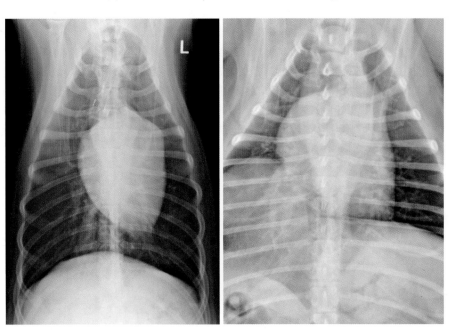

A　　　　　　**B**

그림 1-11 개 흉부의 VD view(복배상)

A는 정상 방사선영상이고 B는 호흡곤란을 호소하는 환자의 방사선영상이다. A에서 관찰되지 않는 연부조직 밀도의 종괴가 오른쪽 폐후엽에서 관찰된다. 이 환자는 원발성 폐종양으로 진단되었다.

A   B

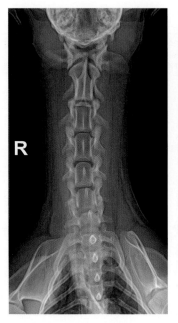   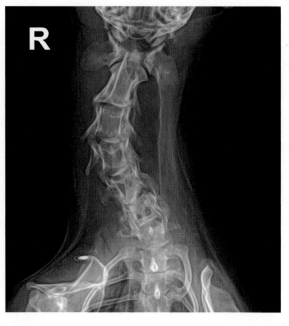

그림 1-12 개 척추(목뼈)의 VD view(복배상)
A는 정상 방사선영상이고 B는 목 부위 통증으로 내원한 13살 미니핀의 방사선영상이다. 개의
척추식은 C7T13L7S3Cd6-23이다. A와 같이 B의 목뼈도 7개로 구성되어 있다. A는 목뼈의 척
추뼈몸통(vertebral body) 사이 공간이 일정하지만 B의 경우 목뼈의 척추뼈몸통(vertebral
body) 사이 공간이 일정하지 않고 목뼈의 배열이 휘어져 있는 것이 A와 다르게 관찰된다. 이렇
게 정상 방사선 해부학과 다른 점을 나열하고 방사선 소견을 종합적으로 판단하여 척주옆굽음
증(척추측만증, Scoliosis)로 진단할 수 있다.

03 영상의 확대와 왜곡

방사선 사진은 3차원적인 신체를 2차원 영상으로 나타낸다는 것을 기억해야 한다. 방
사선영상진단을 위해 정상상과 환자의 영상을 비교·대조해서 무엇이 다른지 찾고 질
병을 진단하기 위해서는 양질의 영상 획득이 선제되어야 한다. 방사선영상은 엑스선
속의 방향이나 환자의 촬영 자세에 따라 다양하게 나타나기 때문에 영상이 확대되거

나 왜곡되면 검사하려는 대상과 전혀 다른 영상으로 착각할 수 있어 정확한 진단을 내리기 어렵다.

빛을 이용한 그림자놀이를 생각해 보자.

그림 1-13 그림자놀이

엑스선을 이용한 영상의 형태도 사물에 빛을 비춰 그림자를 보는 것과 같은 원리이다. 태양광과 사물의 거리에 따라 그림자는 길어 보이기도 하고 짧아 보이기도 한다. 이처럼 엑스선 속의 방향에 따라 구조물의 형태가 달라지고(왜곡) 초점과 구조물의 거리에 따라 영상의 크기(확대 또는 축소)도 달라질 수 있다.

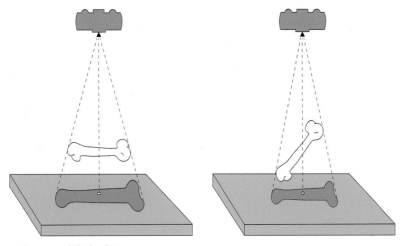

그림 1-14 영상의 왜곡

확대는 실제 크기보다 더 큰 영상이 나타나는 것으로 초첨과 검출기 거리(focal spot-detector distance), 물체와 검출기 거리(object-detector distance)에 따라 다양하게 나타날 수 있다. 물체는 검출기와 멀어질수록 확대되고 선예도가 감소하기 때문에 검사하고자 하는 부위는 방사선 촬영장치에서 검사대(table)에 가깝게 위치시켜 확대되지 않도록 해야 한다.

왜곡은 물체의 실제 모양을 잘못 표현할 때 발생한다. 이는 물체의 한 부분이 다른 한 부분보다 엑스선관과 더 가깝게 위치하여 발생하게 된다. 따라서 방사선검사에서 영상의 왜곡을 피하기 위해서는 검사하려는 부위를 일관된 촬영자세(표준자세)로 촬영해야 하고 검사 부위와 필름을 평행하게 유지하여 촬영해야 한다.

CHAPTER 03

방사선 안전관리

동물의 질병의 진단과 치료에 있어 널리 사용되고 있는 방사선은 신체 또는 특정 장기에 도달하여 흡수되었을 때 위험성이 존재하므로 동물진단용 방사선 관련 종사자들은 방사선 안전수칙을 숙지하고 주의해야 한다.

01 방사선과 안전성

방사선은 신체에 도달하여 세포 손상 및 파괴, 돌연변이, 세포분열 장애 등을 일으킨다. 신체의 방사선 감수성은 세포나 장기, 조직의 종류에 따라 다를 수 있으나 신체에 정해진 방사선량 한도(역치 이상의 방사선량)를 초과하면 신체장애가 생기는데 방사선에 장기간 노출되면 불임, 유산, 태아 기형, 폐렴, 심막염, 혈관염, 백혈구 감소증, 암 발생 등의 각종 부작용이 발생한다. 눈에서도 수정체가 방사선에 가장 민감하기 때문에 백내장이 발생할 수 있다. 따라서, ALARA(As Low As Reasonably Achievable) 원칙(합리적으로 달성할 수 있는 한 낮게)에 맞춰 방사선 방호를 하는 것이 매우 중요하다.

동물병원의 경우 관련 종사자가 동물환자 방사선 촬영실 내에서 검사보조 업무를 하고 있는 경우가 많아 방사선 노출 위험성이 높다. 따라서 방사선 관련 종사자들은 방사선 위험을 반드시 인지하고 적절한 방사선 촬영과 관련된 사항에 숙련되도록 하고 반복적인 방사선 촬영은 최소화하여야 하는 등 방사선 방어수칙을 지키고 방사선 보호장비를 착용하여 안전에 유의하여야 한다.

동물병원 내에서 방사선 촬영에 임하는 종사자들은 방사선으로부터 신체를 보호하기 위해 시간, 거리, 차폐에 대한 변수에 대해 이해하고 유념해야 한다.

① **시간:** 방사선 피폭 시간은 가능한 짧게 하는 것이 좋다. 따라서 검사에 비협조적인 환자의 경우 진정 등의 처치를 함으로써 촬영 시간을 단축시킬 수 있다. 방사선 관계 종사자들은 검사 기술의 숙련도를 높여 촬영 시간을 최소한으로 할 수 있고 교대로 검사를 진행함으로써 개인의 노출양을 줄일 수 있다. 최근 디지털 방사선 촬영 장비의 도입으로 과거 아날로그식 방사선 촬영에 비교해서 재촬영을 쉽게 시도하는 경우가 있는데 재촬영 횟수의 증가는 방사선 피폭 시간을 증가시키게 되므로 이에 대해 유의해야 한다.

② **거리:** 거리는 선량을 줄이는 가장 효과적인 방법 중 하나로 방사선원과의 거리는 가능한 멀게 유지하는 것이 좋다. 방사선량률은 거리 제곱에 반비례해서 감소하기 때문에 엑스선관의 거리가 2배 멀어지면 노출양은 2가 아니라 4만큼 감소한다.

③ **차폐:** 방사선 발생 구역은 구조적으로 적절한 차폐 장치(차폐벽이나 방어칸막이)를 설치하여 선원으로부터 적절한 차폐 효과를 활용할 수 있도록 한다. 또한 방사선 종사자들을 위한 가장 효과적인 개인 차폐는 납 처리가 된 앞치마(납가운), 보호 장갑, 갑상선 보호대, 보호 안경 등을 착용하는 것이다(그림 1-15).

따라서 방사선 종사자들을 검사 과정 중 방사선 노출에 대한 피해를 최소한으로 하고 최대의 진단정보를 획득하도록 한다. 이를 위해 방사선 촬영을 위한 최소한의 인원이 신속하게 검사를 진행할 수 있도록 하고 촬영 구역 내에서는 충분한 방사선 방어시설을 갖추고 있어야 한다.

동물병원에서는 방사선 촬영을 보조하기 위해 종사자가 촬영실 내에서 방사선 노출이 되는 경우가 많은데 이때, 종사자는 방사선 보호장비를 착용해야 하며, 특히 방사선 촬영 시 보호 장갑을 착용하지 않아 1차 엑스선 빔에 노출되지 않도록 주의해야 한다 (그림 1-16). 또한 환자의 촬영 자세를 보조하기 위해 화학적 보정과 테이프, 스펀지, 모래주머니 등 기타 고정장치를 사용하여 방사선 노출을 최소화한다.

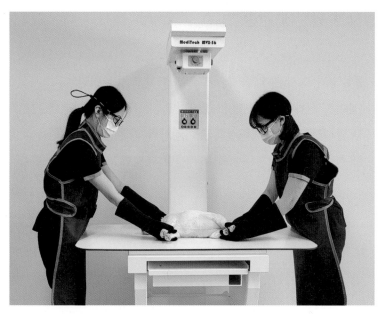

그림 1-15 방사선 개인 보호장비의 착용 예

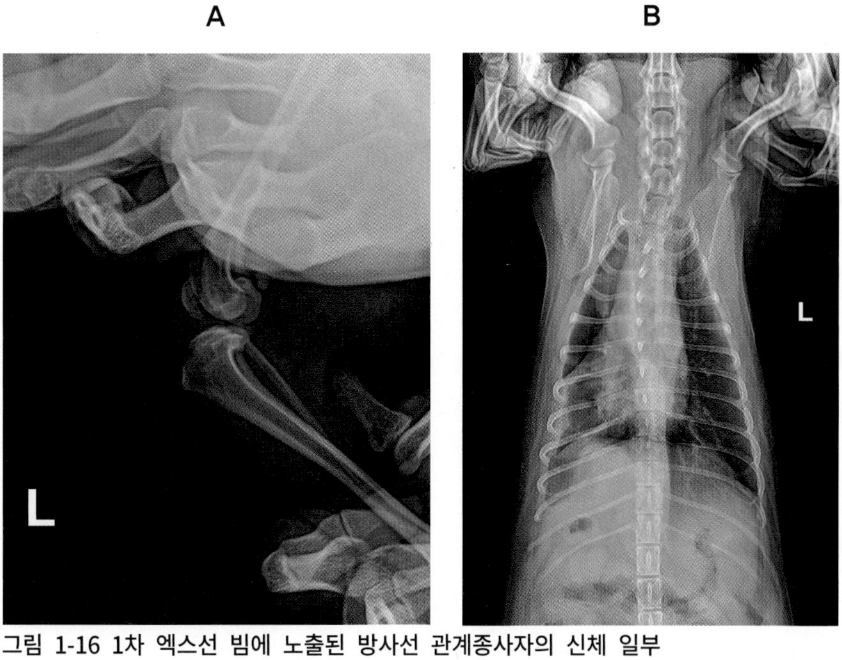

A   B

그림 1-16 1차 엑스선 빔에 노출된 방사선 관계종사자의 신체 일부
A는 왼쪽 뒷다리 방사선 촬영, B는 흉부 복배상(VD view)을 촬영한 영상이다. 방사선
관계종사자가 보호 장갑을 착용하지 않고 환자 촬영을 보조함으로써 손이 1차 엑스선 빔
에 노출되어 있다.

방사선 안전에 관한 법규

우리나라는 동물병원 방사선 업무 종사자를 보호하고 동물병원 내 방사선 관련 장치의 안전성을 높이기 위해 '동물 진단용 방사선발생장치의 안전관리에 관한 규칙'을 신설하고 방사선 발생장치 및 방어시설의 정기검사와 안전관리책임자 선임 및 교육, 방사선 장비 이용자(방사선 관계 종사자)의 피폭선량 측정과 정기 건강검진 등에 대해 규정하였다.

「수의사법」 제17조의3(동물 진단용 방사선발생장치의 설치·운영) ① 동물을 진단하기 위하여 방사선발생장치(이하 "동물 진단용 방사선발생장치"라 한다)를 설치·운영하려는 동물병원 개설자는 농림축산식품부령으로 정하는 바에 따라 시장·군수에게 신고하여야 한다. 이 경우 시장·군수는 그 내용을 검토하여 이 법에 적합하면 신고를 수리하여야 한다.

② 동물병원 개설자는 동물 진단용 방사선발생장치를 설치·운영하는 경우에는 다음 각 호의 사항을 준수하여야 한다.

1. 농림축산식품부령으로 정하는 바에 따라 안전관리 책임자를 선임할 것

2. 제1호에 따른 안전관리 책임자가 그 직무수행에 필요한 사항을 요청하면 동물병원 개설자는 정당한 사유가 없으면 지체 없이 조치할 것

3. 안전관리 책임자가 안전관리업무를 성실히 수행하지 아니하면 지체 없이 그 직으로부터 해임하고 다른 직원을 안전관리 책임자로 선임할 것

4. 그 밖에 안전관리에 필요한 사항으로서 농림축산식품부령으로 정하는 사항

③ 동물병원 개설자는 동물 진단용 방사선발생장치를 설치한 경우에는 제17조의5 제1항에 따라 농림축산식품부장관이 지정하는 검사기관 또는 측정기관으로부터 정기적으로 검사와 측정을 받아야 하며, 방사선 관계 종사자에 대한 피폭(被曝)관리를 하여야 한다.

④ 제1항과 제3항에 따른 동물 진단용 방사선발생장치의 범위, 신고, 검사, 측정 및 피폭관리 등에 필요한 사항은 농림축산식품부령으로 정한다.

따라서 X-ray, CT 등을 운용하는 동물병원은 방사선발생장치에 대한 안전관리 규정에 따라

- 방사선 관계 종사자 피폭선량 측정 및 건강진단(2년마다)

- 방사선 구역 설정 및 구역 표시

- 안전관리책임자(수의사, 방사선사) 선임

- 안전관리책임자 교육 이수
- 안전관리책임자 직무수행(안전관리업무계획 점검평가, 설비 안전관리, 소속 관계 종사자에 대한 교육 등)의 의무를 수행해야 한다.

「동물 진단용 방사선발생장치의 안전관리에 관한 규칙」

제1조(목적) 이 규칙은 「수의사법」 제17조의3 및 제17조의5에 따라 동물병원에서 설치·운영하는 동물 진단용 방사선발생장치를 안전하게 관리함으로써 방사선 관계 종사자가 방사선으로 인하여 위해(危害)를 입는 것을 방지하고 동물 진료의 적정을 도모하기 위하여 필요한 사항을 규정함을 목적으로 한다.

제2조(정의) 이 규칙에서 사용하는 용어의 뜻은 다음과 같다.

1. "동물 진단용 방사선발생장치"란 방사선을 이용하여 동물 질병을 진단하는 데에 사용하는 기기(器機)로서 다음 각 목의 어느 하나에 해당하는 장치를 말한다.

가. 동물 진단용 엑스선 장치

나. 전산화 단층 촬영장치

다. 그 밖에 방사선을 발생시켜 동물 질병의 진단에 사용하는 기기

2. "방사선 방어시설"이란 방사선의 피폭(被曝: 인체가 방사선에 노출되는 것)을 방지하기 위하여 동물 진단용 방사선발생장치를 설치한 장소에 있는 방사선 차폐시설과 방사선 장해 방어용 기구를 말한다.

3. "방사선 관계 종사자"란 동물 진단용 방사선발생장치를 설치한 곳을 주된 근무지로 하는 사람으로서 동물 진단용 방사선발생장치의 관리·운영·조작 등 방사선 관련 업무에 종사하는 사람을 말한다.

4. "안전관리"란 동물 진단용 방사선발생장치, 방사선 방어시설 및 암실, 현상기, 방사선 필름 카세트, 산란엑스선 제거용 그리드, 엑스선 사진 관찰대 등 동물 진단 영상정보에 관한 설비의 관리와 방사선 관계 종사자에 대한 피폭관리를 말한다.

5. "방사선 구역"이란 동물 진단용 방사선발생장치를 설치한 장소 중 외부방사선량이 주당(週當) 0.4mSv(40mrem) 이상인 곳으로서 벽, 방어칸막이 등의 구획물로 구획되어진 곳을 말한다. (이하 생략)

「동물 진단용 방사선발생장치의 안전관리에 관한 규칙」에 의해 방사선 관계 종사자의 연간 선량한도는 50mSv(5rem) 이하여야 한다. 또한, 5년간 누적선량은 100mSv 이하로 노출되어야 한다. 대학 동물병원과 일부 동물병원에서는 티·엘 배지를 이용해서 피폭 선량을 측정하고 유효 선량이 일정 수준 이상으로 높아지면 그에 대한 관리를 받게 되지만, 실제 임상에서 수의사가 개설한 동물병원 중 동물진단용 엑스선 장치만을 사용

하면서 주당 최대 동작부하의 총량이 8mA · min(또는 480mAs) 이하인 동물병원에 대해서는 방사선 관계 종사자의 피폭선량 측정에 관한 안전의무를 면제받는다.

04 동물병원 진단 방사선 관계종사자를 위한 주의사항(10)

※ 농림축산검역본부 동물약품관리과: 2019년 동물진단용 방사선 안전관리 실무 편람 발췌

1) 방사선 발생장치 사용 전

① 신고된 방사선 관계종사자 이외에는 방사선 촬영구역 출입을 제한한다.

② 방사선 관계종사자는 주의사항을 숙지하고 피폭 방지를 위한 주기적인 교육을 받아야 한다.

③ 동물진단용 방사선 발생장치는 반드시 신고 후 진료에 사용한다.

④ 임산부 혹은 임신 가능성이 있는 경우에는 가급적 방사선을 다루는 업무를 하지 않도록 한다.

2) 방사선 발생장치 사용 중

① 납치마, 납장갑(방사선 차폐제장갑), 고글 등 방사선 방호도구를 반드시 갖추고 방사선 발생장치를 취급한다.

② 촬영을 위한 동물 보정 시 납장갑을 착용하도록 하며 손이 직접 조사야 범위(일차선속)에 노출되어서는 안 된다.

③ 방사선 노출을 최소화하기 위해 작업 시간을 가능한 짧게 하고, 방사선 발생장치와의 거리를 가능한 멀리한다.

3) 방사선 발생장치 사용 후

① 동물진단용 방사선 발생장치 사용기록부(동물의 촬영 부위 또는 촬영 명칭을 포함)를 작성하고 1년간 보존하여야 한다.

② 방사선 방호도구는 정기적으로 손상 여부를 확인하여야 하며, 보관 방법을 준수하

여 지정된 장소에 보관하여야 한다.

③ 동물진단용 방사선 발생장치는 3년마다 지정된 검사기관에서 정기검사를 받아야
하며, 장치, 방어시설 및 관계종사자 변경 시 반드시 관할 지자체에 신고한다.

CHAPTER 04

방사선 촬영 자세와 관련한 용어

동물 환자의 방사선 촬영 자세는 신체의 위치와 방향을 나타내는 해부학적 용어를 토대로 촬영 자세를 명명하게 된다.

예를 들어 환자의 흉부방사선 촬영을 할 경우 일반적으로 오른쪽 외측상(Rt. lateral view, 그림 1-17)과 복배상(VD view, 그림 1-17) 2가지 촬영 자세로 방사선검사를 하게 되고 이러한 촬영자세의 명명법은 신체의 위치와 방향을 나타내는 용어의 조합으로 이루어지게 된다.

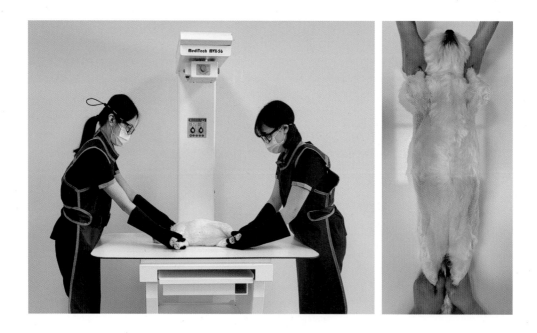

그림 1-17 흉부의 오른쪽 외측상과 복배상(VD view)

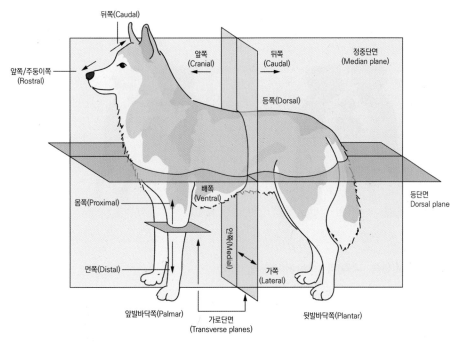

그림 1-18 위치와 방향을 나타내는 용어

cranial	머리쪽, 앞쪽	caudal	꼬리쪽, 뒤쪽
rostral	주둥이쪽		
ventral	배쪽	dorsal	등쪽
medial	안쪽, 내측	lateral	바깥쪽, 외측
internal	속, 내	external	바깥, 외
proximal	몸쪽, 근위	distal	먼쪽, 원위

그림 1-19 방향을 나타내는 용어

가로단면(횡단면, transverse plane)을 기준으로 cranial은 머리(앞)를 향한 쪽을 말하고 caudal은 꼬리(뒤)를 향한 쪽을 말한다.

등단면(수평단면, dorsal plane)을 기준으로 ventral은 배를 향한 쪽을 말하고 dorsal은 등

쪽을 향한 쪽을 말한다.

정중단면(median plane: 머리, 몸통, 사지를 오른쪽과 왼쪽이 똑같게 세로로 나눈 단면)을 기준으로 medial은 정중단면에 가까운 쪽을 뜻하고 lateral은 정중단면에서 먼 쪽을 말한다(그림 1–20).

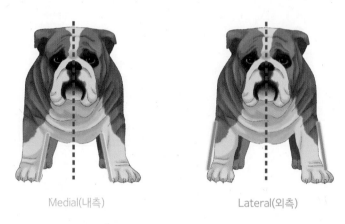

Medial(내측)   Lateral(외측)

그림 1-20 medial(안쪽, 내측)과 lateral(바깥쪽, 외측)

proximal은 몸의 중심에서 가까운 쪽을 뜻하고 distal은 몸의 중심에서 먼 쪽을 뜻한다.

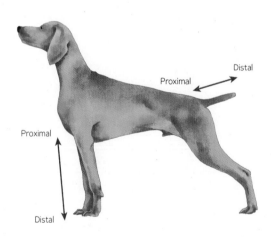

그림 1-21 proximal(몸쪽, 근위)과 distal(먼쪽, 원위)

환자의 방사선 촬영자세를 나타내는 용어의 명명법은 다음의 규칙에 따라 표시한다. 방사선 촬영자세는 방사선이 환자의 몸에 먼저 닿는, 몸에 들어가는 부분(point of entrance)에서 빠져나가는 방향(point of exit)으로 명명한다. 즉 흉부방사선검사에서 Ventrodorsal view(VD view, 복배상)는 방사선이 환자 몸의 ventral(배쪽)으로 들어가서(빨간 화살표) 신체를 통과하고(흰색 점선) 환자 몸의 dorsal(등쪽)으로 빠져나오는(파란 화살표) 촬영자세를 말한다(그림 1-22). 이때 방사선이 들어가는 방향을 뜻하는 단어와 방사선이 신체를 빠져나오는 방향을 나타내는 단어 조합의 중간은 알파벳 'o'로 연결하여 나타낸다.

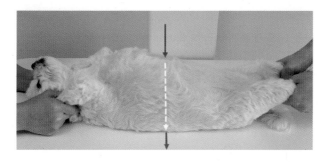

그림 1-22 개 흉부의 ventrodorsal view(VD view, 복배상)

흉부방사선검사에서 Dorsoventral view(DV view, 배복상)는 방사선이 환자 몸의 dorsal (등쪽)으로 들어가서(빨간 화살표) 신체를 통과하고(흰색 점선) 환자 몸의 ventral(배쪽)으로 빠져나오는(파란 화살표) 촬영자세를 말한다(그림 1-23).

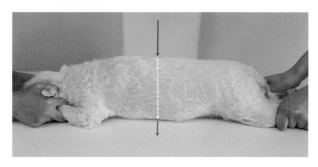

그림 1-23 개 흉부의 dorsovenal view(VD view, 배복상)

방사선검사의 Recumbency(드러누움, 횡와위)를 사용하여 촬영자세를 표현할 때는 검사대에 닿는 쪽의 단어를 붙여 사용한다. 예를 들어 Right lateral recumbency(오른쪽 외측상)는 Left−Right lateral view와 같은 촬영자세를 뜻하는 용어로 환자 몸의 오른쪽 외측면이 방사선검사대에 닿도록 누워 방사선이 환자 몸의 Left(왼쪽)으로 들어가서 신체를 통과하고 환자 몸의 Right(오른쪽)으로 빠져나오는 촬영자세를 말한다(그림 1−24).

그림 1-24 개 흉부의 Right lateral recumbency(오른쪽 외측상)

개의 오른쪽 앞다리굽이관절 방사선 촬영을 할 경우 Mediolateral view(내외측상)과 촬영을 할 수 있다. 이때 환자의 오른쪽 다리의 외측면이 검사대 바닥에 닿도록 눕힌다. 방사선이 오른쪽 앞다리굽이관절의 내측으로 들어가서 신체를 투과한 후 외측면으로 빠져나오게 된다(그림 1−25).

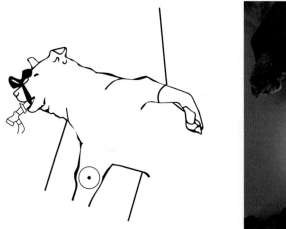

그림 1-25 개 오른쪽 앞다리굽이관절의 Mediolateral view(내외측상)

▼ 표 1-2 방사선 촬영 자세를 나타내는 용어

촬영자세	자세 설명
Ventrodorsal (VD) view (복배상)	환자의 등쪽이 검사대에 닿고 배쪽이 하늘로 향하는 자세 사람의 경우 누운 자세
Dorsoventral (DV) view (배복상)	환자의 배쪽이 검사대에 닿고 등쪽이 하늘로 향하는 자세 사람의 경우 엎드린 자세
Right Lateral recumbency (오른쪽 외측상)	환자 몸통의 오른쪽 외측이 검사대에 닿아 있는 자세
Left Lateral recumbency (왼쪽 외측상)	환자 몸통의 왼쪽 외측이 검사대에 닿아 있는 자세
Mediolateral view (내외측상)	검사하고자 하는 환자 몸의 외측이 검사대 바닥에 닿아 있는 자세
Lateromedial view (외내측상)	검사하고자 하는 환자 몸의 내측이 검사대 바닥에 닿아 있는 자세
Craniocaudal view (두미측상)	검사하고자 하는 환자 몸의 뒷쪽이 검사대 바닥에 닿아 있는 자세
Caudocranial view (미두측상)	검사하고자 하는 환자 몸의 앞쪽이 검사대 바닥에 닿아 있는 자세

CHAPTER 05

방사선검사의 영상처리 방법

방사선검사를 통해 획득한 영상은 아날로그 영상과 디지털 영상으로 구분할 수 있다. 일반적으로 필름(film) 영상으로 처리되는 아날로그 영상 처리에 비해 최근에는 편리함과 신속성의 장점을 갖고 있는 디지털 영상으로 바뀌고 있는 추세이다.

01 아날로그(analog) 영상

필름(film)으로 표현되는 아날로그 영상은 환자를 방사선촬영을 통해 검사하고자 할 때 관전압, 관전류, 방사선 조사시간(seconds), 카세트(cassette) 내부에 있는 증감지(screen)를 통해 필름을 얼마나 감광시킬 것인지, 감광된 필름을 화학적 방법을 통해(필름 현상 과정) 얼마나 효과적으로 시각적으로 표현하는지 등의 과정이 아날로그 영상을 만들어 내는 과정에 속한다.

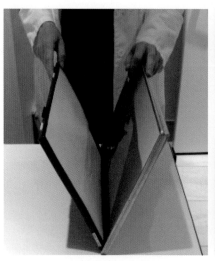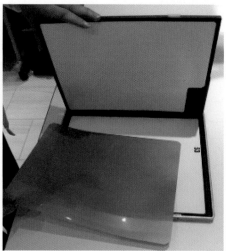

그림 1-26 카세트 내 방사선 필름

1) X-ray film processing(방사선필름 처리과정)

방사선필름의 현상 과정은 수동이나 자동으로 이루어진다.

① **현상(Develope):** 잠상을 눈에 보이는 영상으로 변환시키는 과정으로 감광된 할로겐화 은이 검은 금속성 은으로 변환시킨다. 필름의 일정 부분에 침전된 은 양에 따라 필름은 검은색, 회색 또는 흰색으로 나타나게 된다. 또한 현상액의 온도는 현상시간에 영향을 줄 수 있는데 현상시간이 부족하거나 현상액 온도가 낮으면 저현상, 현상시간이 길거나 현상액 온도가 높으면 과현상이 나타날 수 있다.

② **헹굼(wash):** 현상 과정을 거친 필름에는 상당한 양의 현상액이 남아있는데 이것을 씻어내는 과정이다. 현상과정 후 바로 고정액을 만나면 알칼리성 현상액이 산성인 고정액을 중화시킨다.

③ **고정(Fix):** 필름으로부터 노출되지 않은 활로겐화 은을 제거하는 과정으로 영상을 지지체에 단단히 고정시킨다. 고정액은 흑화은이 형성된 필름을 넣으면 현상 과정 중 흑화은으로 환원되지 않고 남아 있는 미감광된 활로겐화 은을 고정액의 산성작용으로 용해시킨다. 고정 과정에서 흑화은으로 환원된 활로겐화 은은 필름에 고정시키는 역할을 하여 온전한 영상으로 만들어 내는 단계이다.

④ **헹굼:** 필름에 남아있는 모든 여분의 화학 물질을 제거하는 과정으로 세척이 충분히 되지 않으면 영상을 색이 바래고 희미해진다.

⑤ **건조:** 현상 과정의 마무리 단계로 헹굼 후 바로 건조 과정을 거쳐 필름의 긁힘이나 먼지 등 이물질의 부착을 방지한다.

2) 수동현상 방법

수동현상을 위해서는 세 개의 수조가 필요하다.

① 촬영한 방사선 카세트를 들고 암실로 들어간다.

② 카세트를 열고 방사선 필름을 꺼낸다.

③ 현상액이 든 첫 번째 수조에 필름을 넣고 (현상이 손에 닿지 않도록 필름 집게를 사용)

현상한다(현상 4분).

④ 필름을 수조에서 꺼내 물이 들어있는 수조에 넣고 필름에 묻은 현상액을 헹군다(헹굼 15~30초).

⑤ 고정액이 들어있는 2번째 수조에 필름을 넣고 필름을 고정시킨다(고정 8분).

⑥ 필름을 수조에서 꺼내 깨끗한 물이 들어있는 수조에 넣고 필름에 남아있는 화학물질을 헹궈낸다(헹굼 12분).

⑦ 필름을 수세한 후 바로 필름을 건조시킨다.

3) 자동현상

자동현상기를 이용하여 필름 현상과 고정 과정을 처리하는 방법이다.

필름 현상과정이 표준화되고 일관성있으며 영상 생산 속도가 수동현상과정에 비해 빨라 작업시간이 감소한다. 필름은 자동현상기 내 롤러를 통해 이동하므로 롤러에 손상이 생기면 허상(artifacts)이 발생할 수 있다.

① 현상시약을 확인한 후 자동현상기를 예열(warm up)시킨다.

② 필름이 서로 붙는 것을 방지하기 위해 한 번에 한 장씩 현상해야 한다.

③ 다음 필름 과정의 시작이 가능하면 신호가 나타난다.

  ※ 필름 현상 전 현상 시약 상태를 점검해야 한다(여러 번 사용하거나 오래된 화학약품은 저품질 영상의 주 원인이 되므로 통상적으로 4~6주 간격으로 현상 시약의 교체가 필요하다).

  ※ 방사선필름 현상실(x-ray film processing room)은 최소한의 빛만을 사용하며(암실로 조성) 안전등을 사용하며 필름에 영향을 주지 않아야 한다.

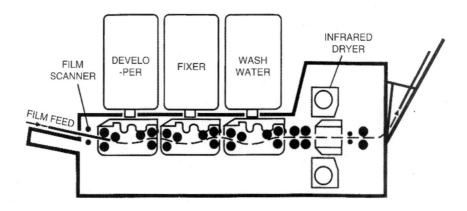

그림 1-27 자동현상기

4) 필름 정리 및 보관

추후 검색이 용이하기 위해 체계적인 라벨링, 적절한 필름 정리대와 파일을 이용, 보관이 용이한 공간이 필요하다(온도 20°, 습도 60%).

02 디지털(digital) 영상

방사선 촬영으로 얻은 영상정보의 출력을 기존의 필름이 아닌 모니터(monitor)로 표현하는 방식이 디지털 영상이다. 디지털은 0과 1이라는 2진 펄스 형태의 신호체계로 단속적이고 계수적인 신호를 이용해 영상데이터를 화면에 나타내며 영상을 파일로 저장하는 방법을 표준화하여 DICOM(digital imaging and communcationin medicine)으로 사용되고 있다.

디지털 영상은 촬영 시 노출 조건이 적절하지 않아도 이를 보정할 수 있고, 검사자가 원하는 바에 따라 영상을 가공하여 전체 영상의 질을 향상시킬 수 있다. 또한 필름의 현상과정(현상액과 고정액의 사용)으로 인한 환경오염을 줄일 수 있고 보관에 따르는 비용을 절감할 수 있다.

1) CR(Computed radiography)

엑스선 조사를 통해 신체를 투과한 빛의 이미지를 IP(영상판, Image plate) 카세트에 일정 시간 저장하고, 이를 레이저 주사방식의 '영상판독기(Image recorder)'를 통해 바로 영상으로 만드는 방식이다.

2) DR(Digital radiography)

CR과 달리 중간 매개체 없이 장비 자체적으로 엑스선 신호를 바로 디지털화 신호로 바꿔 영상으로 나타내는 방식을 말한다. DR은 영상획득 과정에서 중간 단계가 없기 때문에 검사가 신속하다.

3) PACS(picure archving communication system)

디지털 의료 영상 저장 및 전송 시스템으로 촬영한 영상을 디지털 상태로 변환시켜 통신망으로 전송해 저장장치에 저장한 후 각 진료실에서 원하는 영상정보와 관련 내용을 읽어 들여 검색하는 영상저장·전송·검색 시스템이다. PACS를 사용함으로써 더 이상 영상 보관 장소를 배정하지 않아도 되는 장점이 있다. 필름으로 영상을 정리, 보관하면 시간이 지날수록 보관장소도 넓어지고 필름의 양도 방대해지지만 PACSsms 여러 저장장치를 사용하여 서버(server)에 영상을 저장하기 때문에 영상을 보관하는 공간을 줄일 수 있다. 또한 저장된 영상의 조회가 간단하기 때문에 이전 필름을 찾는 시간이나 인력을 줄일 수 있다. 또한 수의사는 판독실에서 뷰어(viewer) 프로그램으로 모니터 상에서 영상정보를 판독과 동시에 각 진료실에서 영상 확인이 가능하고 인력 이동 없이 정보 공유가 가능하다. 또한 다른 동물의료기관과 메일로 환자의 영상을 주고받을 수 있게 되었다.

그림 1-28 PACS

03 영상판독을 위한 영상 준비

방사선영상은 수의사가 항상 환자의 일관된 자세의 영상을 판독할 수 있도록 준비되어야 한다.

촬영된 영상이 외측상일 경우 판독자가 영상을 바라봤을 때 영상의 왼쪽에 환자의 머리가 위치하도록 영상을 준비한다. 촬영된 영상이 흉부 또는 복부의 배복상/복배상 (DV/VD view)일 경우 환자의 머리 쪽이 위로 가도록 하고 환자의 왼쪽이 판독자의 오른쪽에 위치하게끔 영상을 준비한다. 즉 환자의 배를 판독자가 바라보는 모습에서 서로의 방향이 악수하는 포지션이 되도록 한다.

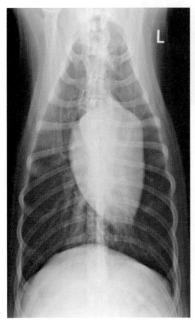
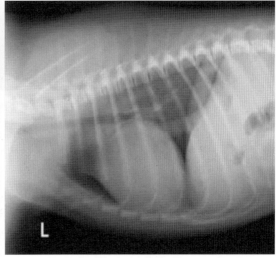

그림 1-29 흉부방사선영상의 준비

환자의 다리 외측상의 경우 근위부가 위로, cranial(앞쪽)이나 dorsal(등쪽)이 판독자의
왼쪽에 가게끔 영상을 준비한다.

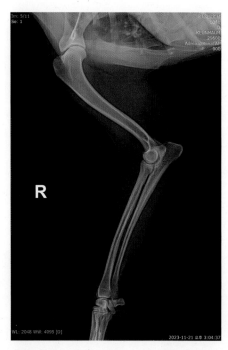

그림 1-30 앞다리 영상의 준비

2

방사선 촬영 자세

CHAPTER 01

서 론

진단에 적합한 방사선영상을 획득하기 위해서는 촬영부위에 따라 지정된 표준 자세로 촬영되어야 한다. 방사선 촬영 부위가 회전하거나 기울어진 경우 판독하기 어렵거나 병변이 감추어져 진단에 오류가 발생할 수 있다.

방사선 촬영 시 검사보조자들은 동물은 편안하고 안정된 상태에서 검사가 진행되도록 노력하고 특히 진정을 할 수 없거나 중증, 통증이 심한 동물의 경우에는 더욱 세심한 주의가 필요하다. 방사선 종사자의 엑스선 피폭을 최소화하고 질 좋은 영상을 얻기 위해서는 진정이나 마취가 필요할 수 있다. 그러나 국내에서는 진정이나 마취에 대한 위험성, 보호자의 거부감 등으로 인해 단순 촬영의 경우 마취 없이 촬영이 진행되고 있다. 다만 동물보정이 어렵거나 자세잡기가 어려운 부위 촬영에 한해 제한적으로 진정이나 마취가 실시된다. 진정이나 마취된 동물을 촬영할 때에는 표준 자세로 고정하기 위해 보정틀, 쐐기모양의 패드, 모래주머니, 끈 등의 보조 장치를 사용한다. 방사선 촬영은 동일부위를 직각으로 최소 두 장 이상 촬영한다. 검사하고자 하는 신체 부위는 입체적이기 때문에 한 장만 촬영된 단면 영상보다는 직각으로 촬영된 두 장의 영상은 판독시 보다 많은 정보를 얻을 수 있다.

표준촬영 영상에는 해당하는 구조물이 모두 포함되어야 한다. 만약 복부를 촬영한다면 복강 내에 위치한 내부 장기가 모두 포함된다. 다리를 촬영하는 경우 병변이 의심되는 다리뿐만 아니라 정상적인 반대쪽 다리도 함께 촬영하면 정상과 비정상을 판독하는데 도움이 된다.

일반적으로 엑스선 빔의 중심은 표준촬영부위의 중앙에 위치하도록 한다. 그러나 골절이나 척추 질병 등 특정 병변을 관찰하는 경우에는 병변이 있는 곳에 직접 빔의 중심을 맞춘다.

방사선 피폭을 최소화하기 위해 시준기(collimation)를 조정하고 개인보호장비를 착용한다. 엑스선 빔의 투과력은 조직의 두께와 밀도에 의해 많은 영향을 미친다. 촬영부위의 두께를 측정할 때에는 캘리퍼(caliper)를 사용한다. 촬영부위에 두꺼운 부위와 얇은 부위가 함께 존재하는 경우 두께가 가장 두꺼운 부위를 측정한다.

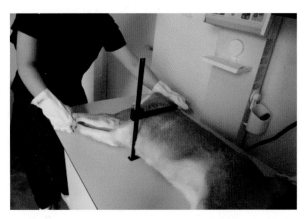

그림 2-1 캘리퍼를 이용한 촬영부위 두께 측정

CHAPTER 02

흉부 촬영

흉부는 오른쪽 외측상(RL), 왼쪽 외측상(LL), 복배상(VD), 배복상(DV) 영상을 촬영한다. 일반적으로 두 장을 촬영하는 경우 오른쪽 외측상(RL)과 복배상(VD) 영상을 우선하여 촬영한다. 복배상(VD) 영상은 폐 질환 및 흉수의 존재 여부를 판단하는 데 좋다. 배복상(DV) 영상은 호흡 곤란 환자, 고양이와 같이 예민하여 복배상(VD) 촬영을 위한 보정이 어려운 경우에 촬영한다. 배복상(DV) 영상은 심기저부와 폐 후엽의 혈관들이 잘 관찰된다. 흉부 촬영은 폐 부위가 최대한 보이도록 촬영하기 위해 폐가 최대한 확장되는 최대 흡기 때에 촬영한다.

01 외측상(Lateral view; L)

① 환자를 오른쪽 또는 왼쪽으로 눕힌다. 일반적으로 몸의 오른쪽이 검사대에 닿도록 눕힌다.

② 복장뼈 아래에 방사선 투과성 쐐기모양의 패드를 위치시켜 복장뼈와 척추가 일치되고 검사대에 평행하도록 수평을 맞춘다.

③ 마취가 된 경우 모래주머니로 목 부위를 고정한다. 외측상을 촬영할 때 목을 굽힌 상태로 촬영하면 촬영된 영상에서 기관이 구부러지게 보이므로 목은 $45°$ 정도로 편 상태의 자연스러운 자세를 취한다.

④ 양쪽 앞다리를 앞으로 당겨 끈 또는 모래주머니로 고정한다. 어깨뼈와 상완뼈가 머리 방향으로 $45°$ 정도 향하도록 한다.

⑤ 양쪽 뒷다리를 뒤쪽으로 당겨 끈 또는 모래주머니로 고정한다.

⑥ 어깨뼈의 뒤쪽 경계 부위(scapular caudal margin) 또는 다섯 번째 갈비뼈 중앙 부위에 빔의 중심을 위치시킨다.

⑦ 앞쪽은 흉곽 입구부터 뒤쪽의 마지막 갈비뼈가 포함되도록 시준기의 범위를 설정하고 최대 흡기 때에 촬영한다.

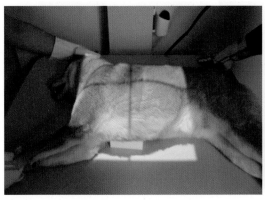

그림 2-2 흉부 오른쪽 외측상(L) 촬영 자세

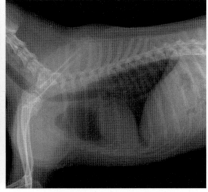

그림 2-3 흉부 오른쪽 외측상(L)

📋 TIP!

▌ 흉부 외측상(L)

① 어깨뼈와 상완뼈가 흉강 내부와 겹치지 않도록 촬영한다.
② 양쪽 갈비뼈가 서로 겹쳐서 평행하게 주행되도록 촬영한다.

02 복배상(Ventrodorsal view; VD)

① 환자의 등쪽이 검사대에 닿도록 눕힌다. V 형태의 등받이를 사용하면 자세보정에 도움이 된다.

② 양쪽 앞다리를 앞으로 당겨 끈 또는 모래주머니로 고정한다. 머리는 양쪽 앞다리 사이에 위치시킨다.

③ 양쪽 뒷다리를 뒤쪽으로 당겨 끈 또는 모래주머니로 고정한다.

④ 어깨뼈의 뒤쪽 경계 부위(scapular caudal margin) 또는 다섯 번째 갈비뼈에 위치한 복장뼈에 빔의 중심을 위치시킨다.

⑤ 앞쪽은 흉곽 입구부터 뒤쪽의 마지막 갈비뼈가 포함되도록 시준기의 범위를 설정하고 최대 흡기 때에 촬영한다.

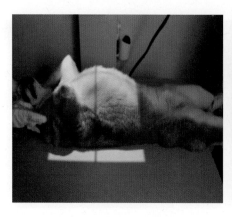 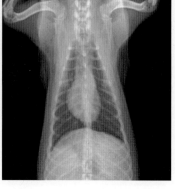

그림 2-4 흉부 복배상(VD) 촬영 자세　　　그림 2-5 흉부 복배상(VD)

03 배복상(Dorsoventral view; DV)

① 환자의 배쪽이 바닥에 닿도록 엎드리게 한다.

② 양쪽 앞다리를 앞으로 당겨 끈 또는 모래주머니로 고정한다. 머리는 양쪽 앞다리 사이에 위치시킨다.

③ 양쪽 뒷다리를 뒤쪽으로 당겨 끈 또는 모래주머니로 고정한다.

④ 어깨뼈의 뒤쪽 경계 부위 또는 다섯 번째 갈비뼈에 위치한 척추에 빔의 중심을 위치시킨다.

⑤ 앞쪽은 흉곽입구부터 뒤쪽의 마지막 갈비뼈가 포함되도록 시준기의 범위를 설정하고 최대 흡기 때에 촬영한다.

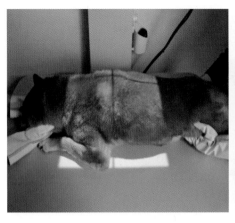
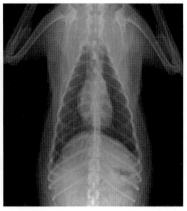

그림 2-6 흉부 배복상(DV) 촬영 자세   그림 2-7 흉부 배복상(DV)

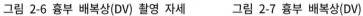

⌨ TIP!

▎흉부 복배상(VD) 또는 배복상(DV)

① 복장뼈와 척추가 서로 일직선으로 겹쳐지게 촬영한다.

② 척추를 중심으로 흉부의 왼쪽과 오른쪽의 비율이 1:1이 되도록 촬영한다.

알아두기

※ 최대 흡기 시 촬영된 흉부 영상의 특징

• 심장은 더 작게 보이고 혈관은 더 길어 보인다.

• 심장 꼭대기(apex)에서 가로막까지의 거리가 증가한다.

• 심장 꼭대기(apex)에서 복장뼈까지의 거리가 증가한다.

• 흉곽이 넓어지고 폐가 확장된다.

• 방사선 비투과성이 감소하여 폐 부위가 더 검게 보인다.

• 복배상(VD) 또는 배복상(DV)에서는 심장에서 흉곽까지의 거리가 증가한다.

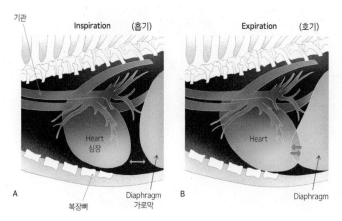

그림 2-8 흉부 외측상 영상(A 흡기, B 호기)

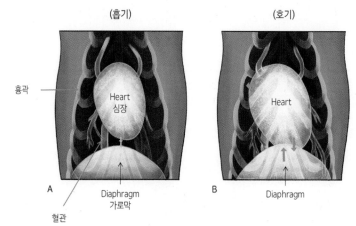

그림 2-9 흉부 복배상(VD) 또는 배복상(DV) (A 흡기, B 호기)

CHAPTER 03

복부 촬영

복부는 오른쪽 외측상(RL), 왼쪽 외측상(LL), 복배상(VD)을 촬영한다. 일반적으로 두 장을 촬영하는 경우 오른쪽 외측상(RL)과 복배상(VD)을 촬영한다. 복부 배복상(DV)은 복강 내부 장기가 눌리거나 뒤틀려서 왜곡되기 때문에 거의 촬영하지 않는다. 호흡곤란이 심하여 복배상(VD) 촬영이 어려운 경우에 한하여 실시한다. 복강에는 여러 내부 장기가 존재하고 서로 밀도가 유사하기 때문에 각 장기의 구별을 위해서는 낮은 대비의 영상이 필요하다.

복부는 호기 말에 촬영한다. 호기 말에는 동물이 흡기 전에 잠깐 호흡이 멈추고 폐가 수축함에 따라 가로막이 머리쪽으로 상승해서 복부가 최대로 확장된다. 검사 목적에 따라 복부 촬영 전에 금식이나 관장이 필요할 수 있다.

01 외측상 영상(Lateral view; L)

촬영 자세는 흉부 외측상(L)과 유사하다.

① 환자를 오른쪽 또는 왼쪽으로 눕힌다. 일반적으로 오른쪽이 검사대에 닿도록 눕힌다.

② 복장뼈 아래에 방사선 투과성 쐐기모양의 패드를 위치시켜 복장뼈와 척추가 검사대와 평행하도록 수평을 맞춘다.

③ 마취가 된 경우 모래주머니로 목 부위를 고정한다.

④ 양쪽 앞다리를 앞으로 당겨 끈 또는 모래주머니로 고정한다.

⑤ 양쪽 뒷다리를 뒤쪽으로 당겨 끈 또는 모래주머니로 고정한다.

⑥ 개의 경우 2번, 3번 허리뼈 수준(level)에 위치한 13번째 갈비뼈 위치에 빔의 중심을 위치시킨다. 고양이는 13번째 갈비뼈에서 뒤쪽으로 손가락 2-3개 넓이 위치에 빔

의 중심을 위치시킨다.

⑦ 앞쪽은 복장뼈의 칼돌기에서 머리방향으로 2−3cm까지로 가로막 전체가 포함되어야 하고 뒤쪽은 엉덩관절이 포함되도록 시준기의 범위를 설정하고 최대 호기 때에 촬영한다.

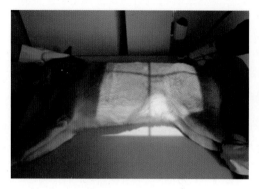

그림 2-10 복부 외측상(L) 촬영 자세   그림 2-11 복부 외측상(L)

📱 TIP!

▎복부 외측상(L)

① 외측상에서 엉덩관절(hip joint)과 엉덩뼈(장골, ileum) 좌우가 겹쳐지도록 촬영한다.

② 복강 내에 있는 간, 지라(비장), 콩팥, 방광, 위, 작은 창자 및 큰 창자 등 내부 장기들이 모두 포함되어야 하고 구별되어야 한다.

02   복배상(Ventrodorsal view; VD)

촬영 자세는 흉부 복배상(VD)과 유사하다.

① 환자의 등쪽이 검사대에 닿도록 눕힌다. V 형태의 등받이를 사용하면 자세보정에 도움이 된다.

② 양쪽 앞다리를 앞으로 당겨 끈 또는 모래주머니로 고정한다. 머리는 양쪽 앞다리

사이에 위치시킨다.

③ 양쪽 뒷다리를 뒤쪽으로 당겨 끈 또는 모래주머니로 고정한다.

④ 개의 경우 2번, 3번 허리뼈 수준(level)에 위치한 13번째 갈비뼈 위치에 빔의 중심을 위치시킨다. 고양이는 13번째 갈비뼈에서 뒤쪽으로 손가락 2−3개 넓이 위치에 빔의 중심을 위치시킨다.

⑤ 앞쪽은 복장뼈의 칼돌기에서 머리방향으로 2−3cm까지로 가로막 전체가 포함되어야 하고 뒤쪽은 엉덩관절이 포함되도록 시준기의 범위를 설정하고 최대 호기 때에 촬영한다.

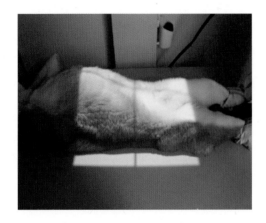

그림 2-12 복부 복배상(VD) 촬영 자세

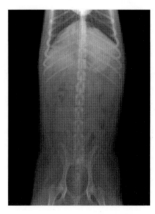

그림 2-13 복부 복배상(VD)

☐ TIP!

▌복부 복배상(VD)

복부가 척추를 중심으로 좌우 대칭되도록 촬영한다.

CHAPTER 04

머리 촬영

머리는 오른쪽 외측상(RL), 왼쪽 외측상(LL), 배복상(DV), 복배상(VD)을 촬영한다. 일반적으로 두 장을 촬영하는 경우 오른쪽 외측상(RL)과 배복상(DV)을 촬영한다. 추가적인 촬영은 머리 부위에 위치한 특정 부위를 검사하기 위한 다양한 촬영법이 있다. 주둥이 뒤쪽 입이 닫힌 영상(Rostrocaudal closed-mouth view)은 이마굴(전두동, frontal sinus)의 상태를 평가하기 좋으며, 주둥이뒤쪽 입이 열린 영상(Rostrocaudal open-mouth view)은 고실융기(tympanic bulla)를 평가하기 좋다.

머리의 좌우는 너비가 거의 같다. 머리를 배복상(DV) 또는 복배상(VD) 촬영할 때에는 좌우가 대칭이 되도록 촬영한다. 머리 촬영은 동물 보정이 어렵기 때문에 깊은 진정 또는 마취가 필요할 수 있다.

01 외측상(Lateral view; L)

외측상은 코안, 코인두, 인두뒤, 혀뼈장치, 이마굴, 머리뼈바닥, 치아, 위턱뼈, 아래턱뼈, 턱관절, 고실융기 등의 구조물을 평가한다.

① 환자를 오른쪽 또는 왼쪽으로 눕힌다. 병변이 의심되는 방향을 우선 촬영하고 단순 촬영의 경우에는 오른쪽 외측상을 우선 촬영한다.

② 코와 턱 부위 아래에 방사선 투과성 쐐기모양의 패드를 위치시켜 머리 중앙선이 검사대에 평행하도록 수평을 맞춘다.

③ 코부터 뒤통수융기 부위까지의 가운데 부위에 빔의 중심을 위치시키고 머리 전체가 포함되도록 시준기를 조정하고 촬영한다.

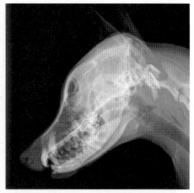

그림 2-14 머리 외측상(L) 촬영 자세   그림 2-15 머리 외측상(L)

:··: TIP!

▎머리 외측상(L)

머리의 좌우가 서로 겹쳐지도록 촬영한다.

02 배복상(Dorsoventral view; DV)

머리 배복상(DV)은 복배상(VD)보다 선호된다. 이는 복배상(VD)은 보정자세가 불안정하여 좌우대칭 영상을 얻기가 더 어렵기 때문이다. 배복상(DV) 및 복배상(VD)에서는 머리뼈, 바깥귀, 가운데귀, 턱관절, 이마굴 등을 평가한다.

① 환자는 엎드린 자세를 취한다.

② 머리가 좌우 대칭이 되도록 위치시킨다.

③ 코부터 뒤통수융기 부위까지의 가운데 부위에 빔의 중심을 위치시키고 머리 전체가 포함되도록 시준기를 조정하고 촬영한다.

 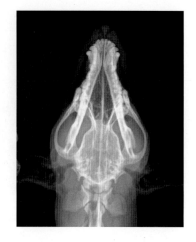

그림 2-16 머리 배복상(DV) 촬영 자세   그림 2-17 머리 배복상(DV)

03 복배상(Ventrodorsal view; VD)

머리뼈 등쪽은 편평하지 않으므로 배복상(DV) 촬영과 비교하여 복배상(VD) 촬영을 위한 자세잡기는 더 어렵다. 복배상(VD) 촬영은 머리뼈의 등쪽에 위치하고 있는 코 안쪽의 병변을 평가하는 데 좋다.

① 환자의 등쪽이 검사대에 닿도록 눕힌다.

② 머리가 좌우 대칭이 되도록 위치시킨다.

③ 코부터 뒤통수융기 부위까지의 가운데 부위에 빔의 중심을 위치시키고 머리 전체가 포함되도록 시준기를 조정하고 촬영한다.

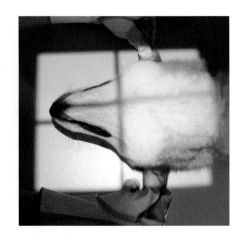 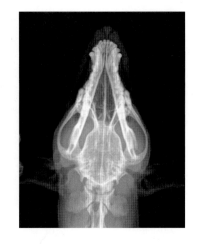

그림 2-18 머리 복배상(VD) 촬영 자세　　　　그림 2-19 머리 복배상(VD)

04 주둥이뒤쪽 입이 닫힌 영상 (Rostrocaudal closed-mouth view)

이마굴(전두동, frontal sinus)의 병변을 평가하기 위해 촬영한다.

① 환자의 머리 등쪽이 검사대에 닿도록 눕힌다.

② 주둥이를 끈으로 묶어 입이 닫히도록 한다.

③ 머리를 척추와 90°로 위치시키고 코 부위가 엑스선관을 향하도록 촬영 자세를 잡는다.

④ 양쪽 눈 사이에 빔의 중심을 맞추고 머리 부위 전체를 촬영한다.

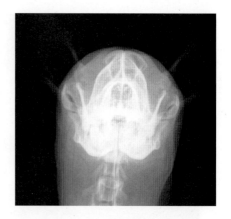

그림 2-20 머리 주둥이뒤쪽 입이 닫힌 촬영 자세　　그림 2-21 머리 주둥이뒤쪽 입이 닫힌 영상

05 주둥이뒤쪽 입이 열린 영상
(Rostrocaudal open-mouth view)

고실융기(tympanic bulla)의 병변을 평가하기 위해 촬영한다.

① 환자의 등쪽이 바닥에 닿도록 눕힌다.

② 주둥이가 엑스선관을 향하도록 위치시키고 아래턱과 위턱을 각각 끈으로 묶어 당겨서 입이 열리도록 한다.

③ 목구멍 사이에 빔의 중심을 맞추고 머리 부위 전체를 촬영한다.

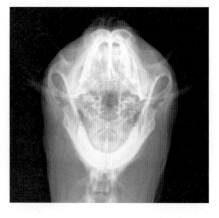

그림 2-22 머리 주둥이뒤쪽 입이 열린 촬영 자세　　그림 2-23 머리 주둥이뒤쪽 입이 열린 영상

CHAPTER 05

척추 촬영

척추뼈는 목뼈(C), 등뼈(T), 허리뼈(L), 엉치뼈(S), 꼬리뼈(Cd)로 구성되어 있다. 특정 척추뼈를 지칭할 때에는 약어를 사용한다. 예를 들어 두 번째 허리뼈는 L2로 표시하고, 열두 번째 등뼈에서 첫 번째 허리뼈는 T12-L1으로 표시한다. 척추 방사선검사는 신경계 질환을 진단하는 데 제한적이다. 외상으로 인한 척추의 손상, 디스크 등의 정확한 진단하기 위해서는 척추조영술, CT, MRI 검사가 필요하다.

척추는 오른쪽 외측상(RL), 왼쪽 외측상(LL), 복배상(VD)을 촬영한다. 일반적으로 두 장을 촬영하는 경우 오른쪽 외측상(RL)과 복배상(VD)을 촬영한다. 중대형 동물은 척추뼈 전체를 한 영상에 촬영하는 것이 어렵기 때문에 여러 영상으로 나누어 촬영한다. 목뼈(C), 등뼈(T), 등허리뼈(TL), 허리뼈(L), 허리엉치뼈(LS)로 나누어 촬영한다. 빔의 중심은 목뼈는 C3-C4, 등뼈는 T6-T7, 등허리뼈는 등뼈와 허리뼈 연접부, 허리뼈는 L3-L4, 허리엉치뼈는 허리뼈와 엉치뼈 연접부이다.

01 외측상(Lateral view; L)

① 환자를 오른쪽 또는 왼쪽으로 눕힌다. 일반적으로 오른쪽이 검사대에 닿도록 눕힌다.
② 방사선 투과성 패드를 사용하여 복장뼈와 척추뼈가 평행하고 척추뼈가 일직선이 되도록 수평을 맞춘다.
③ 병변이 의심되는 척추뼈에 빔의 중심을 맞추고 촬영한다.

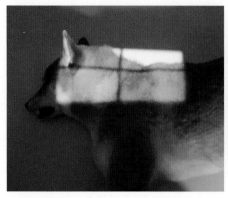 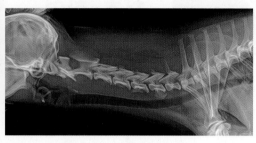

그림 2-24 척추 목뼈 외측상(L) 촬영 자세   그림 2-25 척추 목뼈 외측상(L)

📋 TIP!

▌ 척추 외측상(L)

목뼈, 등뼈, 허리뼈를 부위별로 촬영하는 경우 해당 척추뼈는 모두 포함되도록 한다.
예) 허리뼈 촬영의 경우 허리뼈 7개를 모두 포함한다. 등허리뼈는 등뼈와 허리뼈 연접부를
중심으로 양쪽 4~5개의 척추뼈가 포함되도록 촬영한다.

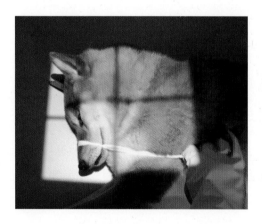 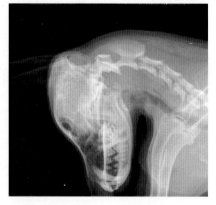

그림 2-26 척추 목뼈 머리를 구부린 외측상(L)   그림 2-27 척추 목뼈 머리를 구부린 외측상(L)
촬영 자세

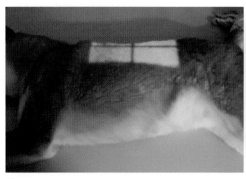 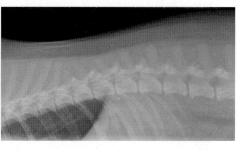

그림 2-28 척추 등허리뼈 외측상(L) 촬영 자세   그림 2-29 척추 등허리뼈 외측상(L)

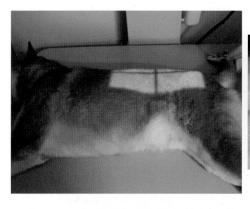 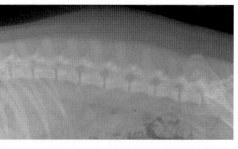

그림 2-30 척추 허리뼈 외측상(L) 촬영 자세   그림 2-31 척추 허리뼈 외측상(L)

02 복배상(Ventrodorsal view; VD)

① 환자의 등쪽이 검사대에 닿도록 눕힌다.

② 척추뼈가 정확히 좌우 대칭이 되도록 유지한다.

③ 병변이 의심되는 척추뼈에 빔의 중심을 맞추고 촬영한다.

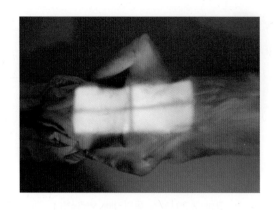

그림 2-32 척추 목뼈 복배상(VD) 촬영 자세

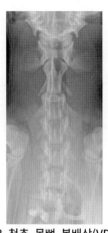

그림 2-33 척추 목뼈 복배상(VD)

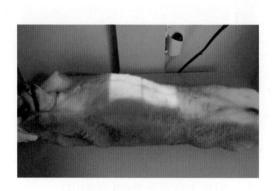

그림 2-34 척추 등허리뼈 복배상(VD) 촬영 자세

그림 2-35 척추 등허리뼈 복배상(VD)

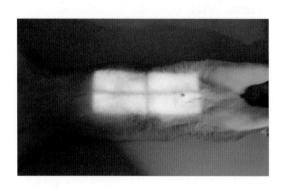

그림 2-36 척추 허리뼈 복배상(VD) 촬영 자세

그림 2-37 척추 허리뼈 복배상(VD)

CHAPTER 06

앞다리 촬영

앞다리는 어깨뼈, 어깨관절, 상완뼈, 앞다리굽이관절, 노뼈와 자뼈, 앞발목관절, 앞발목뼈, 앞발허리뼈, 앞발가락뼈로 구성되어 있다. 근육뼈대계통에 이상이 발생한 경우 동물은 보행 장애가 발생한다. 병변이 있는 관절을 촬영할 때에는 해당 관절을 중심으로 촬영하고, 긴뼈의 경우에는 몸쪽(근위, proximal) 및 면쪽(원위, distal) 관절을 포함한다. 다리를 촬영할 때에는 회전이 없어야 한다. 다리는 기본 영상 외에도 관절을 구부려 촬영한 영상이나 사위상(oblique view)이 필요하다. 병변이 있는 다리뿐만 아니라 정상적인 반대편 다리도 함께 촬영하면 서로 비교하여 이상 여부를 평가하는 데 도움이 된다.

앞다리는 오른쪽 외측상(RL), 왼쪽 외측상(LL), 미두측상(CdCr), 두미측상(CrCd), 앞발등발바닥쪽(DPa) 영상을 촬영한다. 미두측상(CdCr)은 몸쪽에 가까운 어깨뼈, 어깨관절, 상완뼈를 평가하기 위해 환자의 등이 바닥에 닿도록 자세를 취하고 촬영한다. 두미측상(CrCd)은 면쪽의 앞다리굽이관절, 노뼈와 자뼈를 평가하기 위해 환자는 엎드린 자세를 취하고 촬영한다. 앞발등발바닥쪽(DPa) 영상은 앞발목뼈, 앞발허리뼈, 앞발가락뼈를 평가하기 위해 환자는 엎드린 자세를 취하고 촬영한다.

▼ 표 2-1 앞다리 방사선 촬영 부위별 영상

앞다리 부위	기본 영상
어깨뼈	외측상, 미두측상
어깨관절	외측상, 미두측상
상완뼈	외측상, 미두측상
앞다리굽이관절	외측상, 두미측상
노뼈와 자뼈	외측상, 두미측상
앞발목뼈, 앞발허리뼈, 앞발가락뼈	외측상, 앞발등발바닥쪽 영상

01 외측상(Lateral view; L) 또는 내외측상(Mediolateral; ML) - 어깨뼈, 어깨관절, 상완뼈

① 촬영하고자 하는 앞다리가 검사대에 닿도록 환자를 오른쪽 또는 왼쪽으로 눕힌다.

② 검사하고자 하는 앞다리는 앞쪽으로 당기고, 반대쪽 앞다리는 뒤쪽으로 당겨 촬영 부위와 겹치지 않도록 한다.

③ 어깨뼈부터 앞다리굽이관절까지 포함되도록 시준기를 조정하고 촬영한다.

④ 어깨뼈, 어깨관절, 상완뼈를 각 부위별로 정밀검사하기 위해서는 해당 부위에 빔의 중심을 맞추고 해당 영역을 촬영한다.

그림 2-38 앞다리 외측상(L) 촬영 자세
- 어깨뼈, 어깨관절, 상완뼈

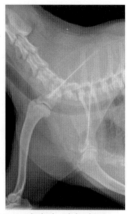

그림 2-39 앞다리 외측상(L)
- 어깨뼈, 어깨관절, 상완뼈

02 외측상(Lateral view; L) 또는 내외측상(Mediolateral; ML) - 앞다리굽이관절, 노뼈와 자뼈

① 촬영하고자 하는 앞다리가 검사대에 닿도록 환자는 오른쪽 또는 왼쪽으로 눕힌다.
② 검사하고자 하는 앞다리는 앞쪽으로 당기고, 반대쪽 앞다리는 뒤쪽으로 당겨 촬영 부위와 겹치지 않도록 한다.
③ 상완뼈 먼쪽부터 앞발목관절까지 포함되도록 시준기를 조정하고 촬영한다.

그림 2-40 앞다리 외측상(L) 촬영 자세
- 앞다리굽이관절, 노뼈와 자뼈

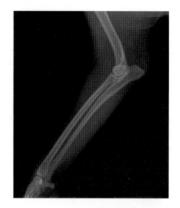

그림 2-41 앞다리 외측상(L)
- 앞다리굽이관절, 노뼈와 자뼈

03 외측상(Lateral view; L) 또는 내외측상(Mediolateral; ML) - 앞발목뼈, 앞발허리뼈, 앞발가락뼈

① 촬영하고자 하는 앞다리가 검사대에 닿도록 환자는 오른쪽 또는 왼쪽으로 눕힌다.
② 발가락 부위를 끈으로 묶고 당겨서 보정한다.
③ 노뼈와 자뼈의 먼쪽부터 앞발가락뼈까지 포함되도록 시준기를 조정하고 촬영한다.

그림 2-42 앞다리 외측상(L) 촬영 자세
- 앞발목뼈, 앞발허리뼈, 앞발가락뼈

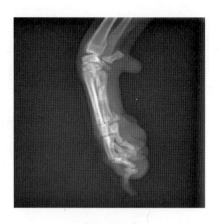

그림 2-43 앞다리 외측상(L)
- 앞발목뼈, 앞발허리뼈,
앞발가락뼈

그림 2-44 앞다리 외측상(L) 촬영 자세
- 앞발목관절을 최대한 굽힘

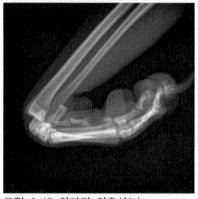

그림 2-45 앞다리 외측상(L)
- 앞발목관절을 최대한 굽힘

04 미두측상(Caudocranial; CdCr) – 어깨뼈, 어깨관절, 상완뼈

① 환자의 등쪽이 검사대에 닿도록 눕힌다.

② 양쪽 앞다리를 앞쪽으로 최대한 펼쳐서 당긴다.

③ 촬영하고자 하는 앞다리의 어깨뼈부터 앞다리굽이관절까지 포함되도록 시준기를
   조정하고 촬영한다.

④ 어깨뼈, 어깨관절, 상완뼈를 각 부위별로 정밀검사하기 위해서는 해당 부위에 빔의
   중심을 맞추고 해당 영역을 촬영한다.

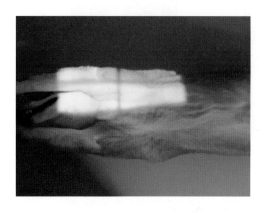

그림 2-46 앞다리 미두측상(CdCr) 촬영 자세
- 어깨뼈, 어깨관절, 상완뼈

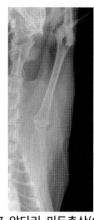

그림 2-47 앞다리 미두측상(CdCr)
- 어깨뼈, 어깨관절, 상완뼈

두미측상(Craniocaudal; CrCd)
- 앞다리굽이관절, 노뼈와 자뼈

① 환자를 엎드린 자세를 취한다.

② 촬영하고자 하는 앞다리를 앞쪽으로 최대한 펼쳐서 당긴다.

③ 상완뼈 먼쪽부터 앞발목관절까지 포함되도록 시준기를 조정하고 촬영한다.

그림 2-48 앞다리 두미측상(CrCd) 촬영 자세
- 앞다리굽이관절, 노뼈와 자뼈

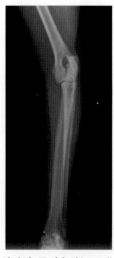

그림 2-49 앞다리 두미측상(CrCd)
- 앞다리굽이관절, 노뼈와 자뼈

06 앞발등발바닥쪽 영상(Dorsopalmar: DPa)
　　– 앞발목뼈, 앞발허리뼈, 앞발가락뼈

① 환자는 엎드린 자세를 취한다.

② 촬영하고자 하는 앞다리를 앞쪽으로 최대한 펼쳐서 당긴다.

③ 노뼈와 자뼈의 먼쪽부터 앞발가락뼈까지 포함되도록 시준기를 조정하고 촬영한다.

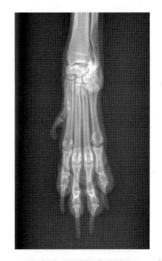

그림 2-50 앞다리 앞발등발바닥쪽(DPa) 촬영 자세　　그림 2-51 앞다리 앞발등발바닥쪽(DPa) 영상
　　– 앞발목뼈, 앞발허리뼈, 앞발가락뼈　　　　　　　　– 앞발목뼈, 앞발허리뼈, 앞발가락뼈

CHAPTER 07

골반 및 뒷다리 촬영

골반 및 뒷다리는 골반, 엉덩관절, 넙다리뼈, 무릎뼈, 무릎관절, 정강뼈와 종아리뼈, 뒷발목관절, 뒷발목뼈, 뒷발허리뼈, 뒷발가락뼈로 구성되어 있다.

뒷다리는 오른쪽 외측상(RL), 왼쪽 외측상(LL), 복배상(VD), 두미측상(CrCd), 미두측상(CdCr), 뒤발바닥등쪽(P1D) 영상을 촬영한다. 복배상(VD)은 골반과 엉덩관절을 평가하기 위해 촬영한다. 복배상(VD)은 환자의 등쪽이 검사대에 닿도록 눕힌 자세에서 엉덩관절과 넙다리뼈를 평가하기 위해 촬영한다. 미두측상(CdCr)은 환자가 엎드린 자세에서 무릎뼈, 무릎관절, 정강뼈와 종아리뼈를 평가하기 위해 촬영한다. 뒤발바닥등쪽(P1D) 영상은 환자가 엎드린 자세에서 뒷발목관절, 뒷발목뼈, 뒷발허리뼈, 뒷발가락뼈를 평가하기 위해 촬영한다.

▼ 표 2-2 골반 및 뒷다리 방사선 촬영 부위별 영상

뒷다리 부위	기본 영상
골반	외측상, 복배상(뒷다리 편 상태)
넙다리뼈	외측상, 두미측상
무릎뼈	외측상, 두미측상
정강뼈와 종아리뼈	외측상, 두미측상
뒷발목뼈, 뒷발허리뼈, 뒷발가락뼈	외측상, 뒤발등발바닥쪽 영상

골반은 한 쌍의 엉덩뼈(장골, ileum), 궁둥뼈(좌골, ischium), 두덩뼈(치골, pubis), 절구(acetabulum)로 구성되어 있다. 골반 촬영은 엉덩관절(고관절, hip joint)의 형성이상 또는 퇴행성 변화, 골절, 관절 관련 신생물 및 관절염 등을 평가한다.

기본 촬영은 외측상(L)과 뒷다리를 편 상태의 복배상(VD)이다. 복배상(VD)을 촬영할 때에는 양쪽 뒷다리를 일직선으로 뻗은 상태로 자세를 취하기 때문에 환자가 통증이

나 불편함으로 인해 정확한 촬영 자세를 유지하는 것은 다소 어려울 수 있다. 복배상 (VD)은 엉덩관절 형성이상을 진단하는 데 중요하므로 정확한 자세로 촬영되어야 한다.

01 외측상(Lateral view; L) - 골반

① 환자를 오른쪽 또는 왼쪽으로 눕힌다. 촬영하고자 하는 뒷다리를 검사대에 가깝게 위치시킨다.
② 아래쪽 다리는 약간 앞쪽으로 위쪽 다리는 약간 뒤쪽으로 위치시켜 서로 겹치지 않 도록 한다. 골반 및 엉덩관절은 서로 겹쳐지도록 한다.
③ 엉덩관절에 빔의 중심을 맞추고 엉덩뼈부터 넙다리뼈 1/3까지 포함되도록 촬영한다.

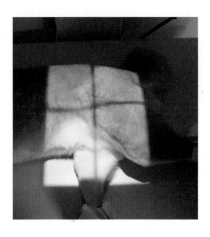 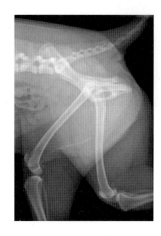

그림 2-52 골반 외측상(L) 촬영 자세   그림 2-53 골반 외측상(L)

02 양쪽 뒷다리를 일직선으로 뻗은 복배상(Extended-Leg VD) - 골반

① 환자의 등쪽이 검사대에 닿도록 눕힌다.

② 첫 번째 검사보조자는 양쪽 앞다리를 머리와 함께 보정한다. 두 번째 검사보조자는 양손으로 뒷다리를 붙잡고 무릎뼈가 도르래 고랑(활차구, trochlear groove)에 오도록 넙다리뼈를 안쪽으로 회전시키면서 뒷다리는 척추와 서로 평행하도록 곧게 펴준다.

③ 궁둥뼈 중앙에 빔의 중심을 맞추고 엉덩뼈부터 무릎뼈가 포함되도록 촬영한다.

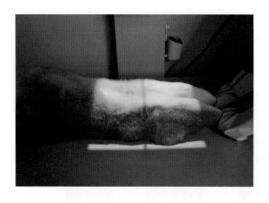 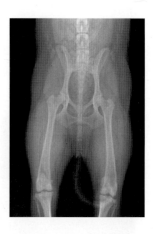

그림 2-54 골반 양쪽 뒷다리를 일직선으로 뻗은 복배상(Extended-Leg VD) 촬영 자세   그림 2-55 골반 양쪽 뒷다리를 일직선으로 뻗은 복배상 (Extended-Leg VD)

💬 TIP!

▌골반 양쪽 뒷다리를 일직선으로 뻗은 복배상(Extended-Leg VD)

비만 또는 골반의 골절로 인해 통증이 있는 경우에는 머리와 가슴 부위를 살짝 들어 올려 앉은 자세를 취하고 촬영한다.

양쪽 뒷다리를 구부린 복배상(Frog-Leg VD) - 골반

① 환자의 등쪽이 검사대에 닿도록 눕힌다.

② 첫 번째 검사보조자는 양쪽 앞다리를 머리와 함께 보정한다. 두 번째 검사보조자는 양손으로 뒷다리를 자연스럽게 머리 방향으로 밀어 올려 무릎관절을 구부린 자세를 취한다. 이때 넙다리뼈는 척추와 약 45° 각도가 된다.

③ 두덩뼈 중앙에 빔의 중심을 맞추고 골반과 넙다리뼈 1/3이 포함되도록 촬영한다.

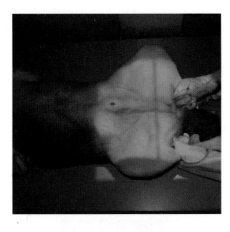

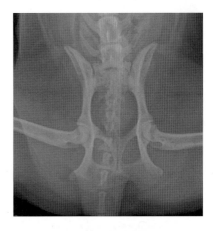

그림 2-56 골반 양쪽 뒷다리를 구부린 복배상 (Frog-Leg VD) 촬영 자세

그림 2-57 골반 양쪽 뒷다리를 구부린 복배상 (Frog-Leg VD)

알아두기

※ 펜힙 검사(PennHIP)

엉덩관절 형성이상(고관절 이형성, hip dysplasia)을 조기진단하기 위한 방사선검사법으로 미국 펜실베니아 대학에서 개발하였다. 엉덩관절 형성이상은 조기진단이 어렵기 때문에 펜힙 검사법을 사용하여 조기진단이 가능하다. 16주령 이후의 어린 동물에서 엉덩관절의 이완성을 평가하여 나이에 따라 엉덩관절 형성이상과 뼈관절염의 발생 위험도를 예측한다. 펜힙 검사는 미국 AIS에서 인증한 사람에 의해 촬영되어야 하고 촬영된 영상은 Antech Imaging Services(AIS)로 보내서 판독한다.

펜힙 검사를 위해서는 환자를 마취하여 근이완을 시킨 후에 3장의 방사선 촬영을 한다.

① Extended view - 양쪽 뒷다리를 일직선으로 뻗은 상태의 엉덩관절 영상, 전반적인 관절의

모양 및 관절염의 상태를 평가

② Compression view - 개구리 뒷다리 상태의 압박 영상, 엉덩관절을 관절쪽으로 압박하여 촬영하고 엉덩관절의 깊이 및 넙다리뼈 머리가 엉덩관절에 얼마나 잘 안착되어 있는지를 평가

③ Distraction view - 측정 기구를 이용한 영상, Distractor 기구를 이용하여 엉덩관절을 양쪽으로 벌리고 촬영하며 엉덩관절의 불안전성을 평가

 04 **외측상(Lateral view; L) 또는 내외측상(Mediolateral; ML)**
- 넙다리뼈, 무릎뼈, 정강뼈와 종아리뼈

① 환자를 오른쪽 또는 왼쪽으로 눕힌다. 촬영하고자 하는 뒷다리를 검사대에 가깝게 위치시킨다.

② 아래쪽 다리는 척추와 수직 방향으로 당기고 반대편 다리는 검사하려는 다리와 겹쳐지지 않도록 반대 방향으로 당긴다.

③ 무릎관절에 빔의 중심을 맞추고 엉덩 관절부터 뒷발목관절이 포함되도록 촬영한다.

그림 2-58 뒷다리 외측상(L) 촬영 자세
  - 넙다리뼈, 무릎뼈, 정강뼈와 종아리뼈

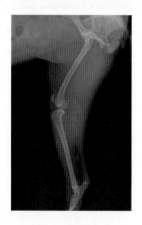
그림 2-59 뒷다리 외측상(L)
  - 넙다리뼈, 무릎뼈, 정강뼈와 종아리뼈

05 외측상(Lateral view; L) 또는 내외측상(Mediolateral; ML) - 뒷발목뼈, 뒷발허리뼈, 뒷발가락뼈

① 환자를 오른쪽 또는 왼쪽으로 눕힌다. 촬영하고자 하는 뒷다리를 검사대에 가깝게 위치시킨다.

② 검사하려는 다리는 척추와 수직 방향으로 당기고 반대편 다리는 아래쪽 다리와 겹쳐지지 않도록 반대 방향으로 당긴다.

③ 뒷발허리뼈 중간에 빔의 중심을 맞추고 뒷발목관절부터 뒷발가락뼈가 포함되도록 촬영한다.

그림 2-60 뒷다리 외측상(L) 촬영 자세
- 뒷발목뼈, 뒷발허리뼈, 뒷발가락뼈

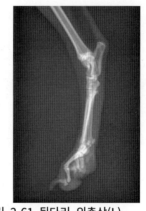
그림 2-61 뒷다리 외측상(L)
- 뒷발목뼈, 뒷발허리뼈, 뒷발가락뼈

① 환자의 등쪽이 검사대에 닿도록 눕힌다.

② 촬영하고자 하는 뒷다리를 뒤쪽으로 최대한 펼쳐서 당긴다. 반대편 뒷다리는 검사하려는 부위와 겹치지 않도록 한다.

③ 무릎관절에 빔의 중심을 맞추고 엉덩 관절부터 뒷발목관절이 포함되도록 촬영한다.

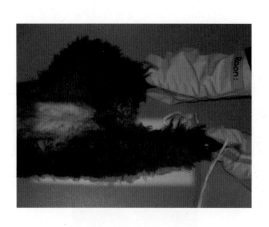
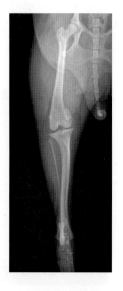

그림 2-62 뒷다리 두미측상(CrCd) 촬영 자세   그림 2-63 뒷다리 두미측상(CrCd)
　- 넙다리뼈, 무릎뼈, 정강뼈와 종아리뼈   - 넙다리뼈, 무릎뼈, 정강뼈와
　　　　　　　　　　　　　　　　　　　　　　　　　　　　　종아리뼈

① 환자는 엎드린 자세를 취한다.

② 촬영하고자 하는 뒷다리를 뒤쪽으로 최대한 펼쳐서 당긴다. 반대편 뒷다리는 검사하려는 부위와 겹치지 않도록 한다.

③ 무릎관절에 빔의 중심을 맞추고 엉덩관절부터 뒷발목관절이 포함되도록 촬영한다.

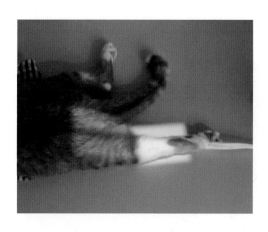

그림 2-64 뒷다리 미두측상(CdCr) 촬영 자세
- 넙다리뼈, 무릎뼈, 정강뼈와 종아리뼈

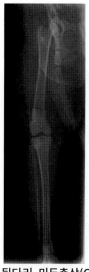

그림 2-65 뒷다리 미두측상(CdCr)
- 넙다리뼈, 무릎뼈, 정강뼈와 종아리뼈

08 뒤발바닥등쪽 영상(Plantarodorsal; P1D)
- 뒷발목관절, 뒷발목뼈, 뒷발허리뼈, 뒷발가락뼈

① 환자는 엎드린 자세를 취한다.

② 촬영하고자 하는 뒷다리를 뒤쪽으로 최대한 펼쳐서 당긴다. 반대편 뒷다리는 검사
하려는 부위와 겹치지 않도록 한다.

③ 뒷발허리뼈 중간에 빔의 중심을 맞추고 뒷발목관절부터 뒷발가락뼈가 포함되도록
촬영한다.

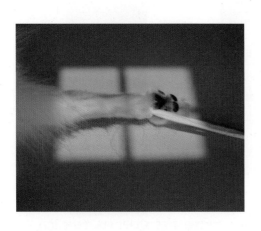 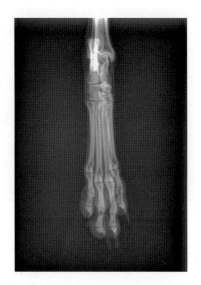

그림 2-66 뒷다리 뒤발바닥등쪽(P1D) 촬영 자세   그림 2-67 뒷다리 뒤발바닥등쪽(P1D) 영상
- 뒷발목관절, 뒷발목뼈, 뒷발허리뼈,   - 뒷발목관절, 뒷발목뼈,
　　뒷발가락뼈   뒷발허리뼈, 뒷발가락뼈

09 뒤발등발바닥쪽 영상(Dorsoplantar: DPI)
– 뒷발목관절, 뒷발목뼈, 뒷발허리뼈, 뒷발가락뼈

① 환자는 엎드린 자세를 취한다.

② 촬영하고자 하는 뒷다리를 뒤쪽으로 펼쳐서 당긴다.

③ 뒷발허리뼈 중간에 빔의 중심을 맞추고 뒷발목관절부터 뒷발가락뼈가 포함되도록 촬영한다.

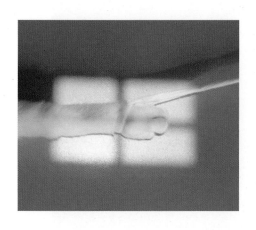

그림 2-68 뒷다리 뒤발등발바닥쪽(DPI) 촬영 자세
- 뒷발목관절, 뒷발목뼈, 뒷발허리뼈, 뒷발가락뼈

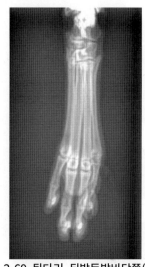

그림 2-69 뒷다리 뒤발등발바닥쪽(DPI) 영상 - 뒷발목관절, 뒷발목뼈, 뒷발허리뼈, 뒷발가락뼈

3

조영촬영법

CHAPTER 01

조영제 종류 및 특성

01 방사선 조영 촬영법

방사선 조영 촬영법은 단순 방사선 촬영에서 보고자 하는 부위가 명확하지 않을 때 조영제를 이용하여 원하는 부위를 영상화하는 것이다. 방사선 대비도가 낮은 영역의 대비도를 높이는 물질을 조영제로 사용하며 주로 위장관 계통, 비뇨기계 및 혈관계를 조영 촬영법으로 검사하고 진단한다. 이것은 관 모양의 장기에서 정보를 얻기에 유용한데 장기의 크기, 모양 및 위치 등의 정보를 얻을 수 있다.

방사선 조영제의 조건으로는 다음과 같다.
① 주입이 쉽고 환자에게 불편과 고통을 최소한으로 줘야 한다.
② 독성이 없어야 한다.
③ 환자 몸에 주입할 때 안정된 화합물이여야 한다.
④ 관심 부위를 명확하게 보여줄 수 있어야 한다.
⑤ 짧은 시간에 완벽히 체내에서 제거가 되어야 한다.
⑥ 추가손상은 없어야 하며, 암을 유발해서는 안 된다.
⑦ 비용이 저렴하여야 한다.

잘 촬영된 방사선 사진을 통해 연부조직에 대한 많은 정보를 얻을 수 있지만 특정한 조직은 방사선에 투과성이거나 다른 구조물에 의해 가려져 불분명할 수 있다. 또한, 속이 빈 체액으로 채워진 기관의 내부 표면은 기관 내에 포함된 체액과 같은 방사선 밀도를 갖기 때문에 평가할 수 없다. 좋은 예로는 방광이 있다.

조영법은 구조 자체의 방사선 불투명도를 변경하거나 주변 조직의 방사선 불투명도를 변경하여 이러한 구조와 기관을 더욱 명확하게 만들고 점막 표면의 윤곽을 나타내는 것을 목표로 한다. 주로 관찰할 장기나 조직과 주변 조직 간의 대비도를 증가시켜 위치, 크기, 모양 및 내부 구조를 평가할 수 있다. 위장관 계통과 같은 장기의 시리즈 조영촬영을 통해서 일정 기간에 걸쳐 연속 촬영하는 경우 장기가 비워지는 기능을 판단할 수도 있다.

02 조영제의 종류

조영제에는 방사선 사진에서 흰색으로 나타나는 양성 조영제와 검정색으로 나타나는 음성 조영제가 있다. 양성 조영제는 원자번호가 높은 성분으로 엑스선을 많이 흡수하여 상대적으로 엑스선의 비투과로 인해 방사선 사진에서 정상 조직보다 더 하얗게 나타난다. 가장 일반적으로 사용되는 조영제는 황산바륨(원자번호 56)과 수용성 요오드 화합물(원자번호 53)이다.

1) 양성 조영제

① 황산바륨 조영제

황산바륨은 백색의 현탁제로서 향기와 감미가 있다. 물을 혼합하면 미세한 콜로이드 현탁액을 생성한다. 검사 부위 및 검사방법에 따라 그대로 또는 적당량의 물을 가하여 적당한 농도로 만든 후, 적당량을 경구 투여 또는 직장 내 투여한다. 위산과 반응하지 않기 때문에 위장관 조영술에 적당하며, 비용이 저렴하고 비독성이다. 황산바륨은 거의 장내에서만 사용되는 조영제이며 혈관 조영제로는 적합하지 않다. 단점으로는 흡인할 때 폐렴을 유발할 수 있고 장의 천공된 부위를 통해 흉강이나 복강으로 누출되면 육아종이나 유착의 형성을 유발할 수 있다는 것이다. 따라서 위장관 천공이 의심될 때는 사용할 수 없고 요오드계 조영제를 대체해서 사용하여야 한다. 황산바륨은 변비를 악화시킬 수 있으므로 변비 환자에게 투여해서는 안 된다. 황산바륨은 주사기나 위관 튜브를 통해 또는 음식에 섞어서 투여할 수 있다.

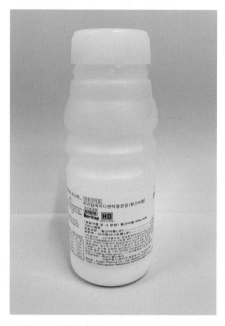

그림 3-1 황산바륨(Barium Sulfate)

② **수용성 요오드계 조영제**

요오드계 조영제는 체내에 흡수되며 수용성이므로 혈관으로 주입할 수 있다. 그러나 극히 드물기는 하지만 아나필락시스가 발생할 가능성이 있으므로 그 경우를 대비한 대책이 마련되어 있어야 한다. 혈관으로 투여된 요오드계 조영제는 신장으로 배설되어 상부 비뇨기계의 윤곽을 나타낸다. 또한 신체의 다른 여러 부위에 사용해도 안전하다. 혈관 내에 투여하면 구토를 유발할 수 있으므로 환자에게 진정제나 마취제의 투여가 필요할 수 있다.

요오드계 조영제는 주로 혈관, 콩팥, 척추 등의 조영촬영에 사용하고 대표 약물은 이오헥솔(iohexol)이 있다(그림 3-2).

수용성인 요오드 제제는 체내에서 흡수되기 때문에 위장관의 천공 가능성이 있는 경우 바륨을 대체해서 사용할 수 있다. 하지만 바륨을 사용한 결과보다 사진의 대비도가 훨씬 낮고 탈수된 환자의 경우 상태가 악화할 위험이 있다. 따라서 수용성 요오드 조영제는 위장관 조영촬영에는 일상적으로 사용되지는 않는다.

척수조영촬영은 척수의 자극을 피하기 위해 삼투압이 낮은 특수 요오드 제제인 이오헥솔을 사용하지만, 최근 MRI의 도입으로 척수조영촬영의 사용 빈도는 줄어들고 있다.

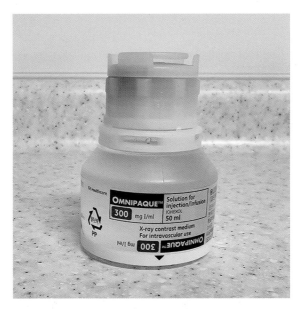

그림 3-2 아이헥솔(Omnipaque® 300mg I/ml)

2) 음성 조영제

음성 조영제는 밀도가 낮아서 상대적으로 방사선을 대부분 투과시켜서 방사선 사진에는 검은색으로 나타난다. 주로 투과력이 높은 실내 공기, 이산화탄소, 산소와 같이 가스를 이용한다.

3) 이중 조영법 조영제

이중 조영법은 양성 조영제와 음성 조영제를 모두 사용하는 것이다. 이 경우에는 소량의 양성 조영제를 사용하여 기관의 내부 내막을 코팅한 다음 가스로 팽창시킨다. 이것은 점막 내부를 섬세하게 보이게 할 수 있고, 다량의 양성 조영제를 사용할 때와 비교해서 결석과 같은 작은 부분을 놓치지 않고 보다 잘 보이게 하는 장점이 있다. 조영제로 내부 상피를 덮게 하려고 환자의 자세를 회전시킬 수도 있다. 일반적으로 수행되는 이중 조영법은 이중 방광조영술과 이중 위조영술이 있다.

03 환자의 준비

조영법 검사에 앞서 적절한 환자의 준비가 필수적이다. 위 또는 소장에 대한 바륨 조영법을 수행하기 전에, 장내 잔류 섭취물을 비우기 위해 동물을 최소 24시간 동안 금식시켜야 한다. 음식물이 장에 남아 있으면 바륨과 섞여 오진할 수 있다. 또한 위가 가득 차면 신장을 가릴 수 있어서 신장 조영술을 하기 전에 금식해야 한다.

결장에 대변이 있으면 엑스선 사진에서 복부의 형태가 모호해지기 때문에 조영법 전에 관장이 필요한 경우가 많다. 대변으로 인해 신장, 요관, 방광 또는 요도가 흐려지거나 왜곡될 수 있으므로 이는 비뇨기계 검사를 하기 전에 특히 중요하다. 바륨 관장을 수행하려면 결장에 있는 대변을 완전히 없애야 한다. 이는 소량의 대변이라도 충전 결함을 일으켜 질병이 있는 것처럼 왜곡시킬 수 있기 때문이다. 따라서 환자는 24시간 동안 금식해야 하며 미지근한 식염수나 물로 관장을 해야 한다.

조영 검사가 시작되기 전에 항상 일반 방사선 사진을 촬영한 다음 조영 검사를 시행해야 한다.

CHAPTER 02

위장관 조영술

01 식도 조영술

식도 조영술은 음식물 역류, 구역질, 연하곤란의 증상을 보일 때 지시가 된다. 식도 조영술에는 바륨 페이스트(barium paste)를 사용하는데 이것은 점착력이 있어 몇 분 동안 식도 점막에 부착되어 선호된다. 페이스트를 사용할 수 없는 때는 액체 바륨을 사용할 수 있다. 거대식도증이 의심되는 경우에는 시판되는 고기캔과 액체 바륨을 혼합한 바륨식이를 사용한다.

황산바륨은 주사기를 이용해서 입 옆쪽으로 천천히 주입하며 너무 과한 용량을 급하게 투여해서 기도로 넘어가는 것을 조심해야 한다. 거대식도증이 있는 동물은 바륨식이를 일반적으로 스스로 먹는다.

조영제 투여 직후 방사선 사진을 촬영한다.

02 위장관 조영술

위장관 조영술(그림 3-3)은 지속적인 구토, 설사, 복부 종괴, 체중 감소, 흡수 장애 등의 증상이 있을 때 지시된다. 위장관 조영술은 구강을 통해 조영제를 투여하며 조영제가 식도와 위장관을 지나 내려오는 상태를 시간대별로 촬영하게 된다. 이것을 통해 위장관의 운동상태와 이물의 유무를 평가할 수 있다. 위장관 조영술에는 일반적으로 황산바륨을 사용하며, 위장관의 천공이 의심될 때는 요오드계 조영제를 사용한다.

50% w/v 황산바륨을 소형견과 고양이의 경우 8~10ml/kg, 대형견의 경우 5~8ml/kg을 투여한다. 식도조영과 마찬가지로 황산바륨을 급하게 투여하여 기관으로 넘어가는 것을 조심해야 한다. 위장관 조영은 황산바륨 투여 후 즉시, 15분, 30분, 60분, 120분, 240분의 간격으로 복배상(VD)과 외측상을 연속 촬영한다. 환자는 조영촬영 전 금식해야 한다. 액체 상태의 황산바륨 조영제는 보관하면 내용물이 아래로 가라앉기 때문에 사용하기 전에 충분히 흔들어 사용한다.

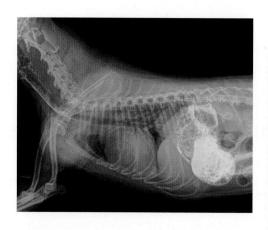
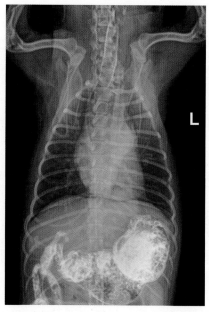

그림 3-3 위장관 조영촬영

배설성 요로 조영술
(EU; Excretory Urography)

배설성 요로 조영술(그림 3-4)은 콩팥과 요관의 손상이나 폐색 등을 진단하기 위하여 실시하며, 정맥을 통해 요오드계 조영제를 투여하여 비뇨기계인 콩팥, 요관, 방광, 요도 순으로 조영되기 때문에 배설성 요로 조영술이라고 한다. 이 조영술을 실시하기 전에 환자를 12~24시간 금식시켜 위장관 내용물로 인해 영상이 가려지는 것을 방지한다. 사용하는 조영제는 요오드계 양성조영제인 이오헥솔(300mg/ml)을 880mg/kg 용량으로 천천히 정맥으로 투여한다. 투여 후 즉시, 5분, 20분, 40분 간격으로 복배상(VD)과 외측상으로 연속 촬영한다. 환자 상태에 따라 촬영시간은 조정될 수 있다. 이오헥솔은 혈관 밖으로 유출되면 국소 통증, 부종이 일어날 수 있어 주의해야 하며, 탈수나

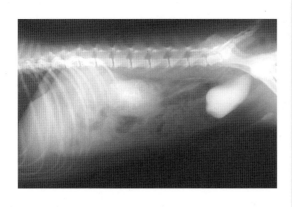

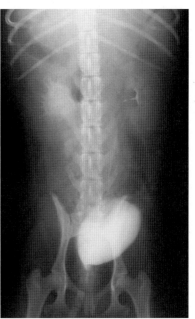

그림 3-4 배설성 요로조영술

질소혈증이 있는 경우에는 조영제 투여로 인해 부작용이 일어날 수 있으므로 증상 교정 후 투여해야 한다.

CHAPTER 04

방광조영술(Cystography)

방광조영술(그림 3-5)은 배뇨곤란, 빈뇨, 다뇨 및 혈뇨 등의 증상이 있을 때 검사를 시행하게 된다. 대장의 분변과 방광이 겹치는 것을 막기 위하여 환자를 12~24시간 금식시킨다. 방광조영술은 음성 조영제와 양성 조영제를 모두 사용할 수 있다. 방광조영술은 양성 방광조영술, 음성 방광조영술, 이중 방광조영술(양성조영과 음성조영을 모두 사용)의 세 가지 방법으로 수행될 수 있다.

양성조영제는 20% 농도의 요오드계 조영제를 사용한다. 양성 방광조영술은 방광파열을 발견하는 데 이상적이지만 작은 병변과 결석은 가릴 수 있다. 음성 방광조영술은 방광내 점막의 디테일을 확인하는 데는 좋지 않고 누출되는 공기가 장내 가스와 비슷하여 작은 방광파열을 확인할 수 없는 단점이 있다.

이중 방광조영술은 방광 내 점막의 디테일이 세밀하게 보이고 작은 형태의 결석도 확인할 수 있으므로 일반적으로 선택되는 방법이다.

일반 방사선 사진을 먼저 촬영해야 하고, 대변이 있는 경우 관장이 필요하다. 필요한 소모품과 약품은 적절한 크기의 요도카테터, 주사기, 삼방향 스톱콕(3 way stopcock) 및 수용성 요오드 조영제가 있다. 카테터를 삽입하고 보정하기 위해 진정이나 마취가 필요하다. 방광에 요도카테터를 삽입하고 소변을 완전히 배출한다. 필요한 경우 멸균 소변 검체를 확보한다.

조영제의 농도는 물과 1:1로 희석하여 3mL/kg의 용량으로 투여한다. 방광조영술은 투시 기기를 사용하거나, 실시간으로 X-ray를 촬영한다.

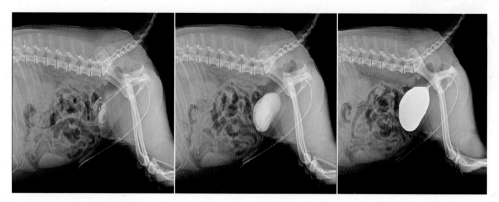

그림 3-5 방광 요도조영술

4

방사선영상 해부학

CHAPTER 01

서 론

일반적으로 방사선 사진의 판독은 수의사가 전담하지만, 영상 획득을 위한 검사보조는 동물보건사가 실시할 수 있다. 동물보건사가 제대로 촬영된 사진을 제공하지 않으면 수의사는 사진판독에 어려움을 겪을 수 있으며, 오진을 하게 되거나 재촬영을 하게 될 수 있다. 동물보건사가 정상적인 해부구조를 이해하고 있지 못하면 촬영 후 사진이 제대로 나온 것인지, 재촬영을 해야하는 것인지 판단하지 못하는 경우가 생긴다. 따라서 동물보건사는 방사선 사진 상에서 동물의 정상적인 해부학적 구조에 대해 반드시 이해하고 있어야 하며, 사진을 촬영한 후 각 부위별 사진에 맞는 특성들이 사진 내에 정확하게 담겼는지 확인하는 것이 중요하다.

방사선 사진에서 해부학적 구조는 부위에 따라 크게 달라진다. 방사선 사진은 흉부, 복부, 앞다리, 뒷다리, 척추, 머리 등으로 나누어 찍게 된다. 흉부나 복부의 경우 기관이 연부조직으로 구성되어 있고, 연부조직은 서로 방사선 밀도(radiopacity)가 비슷하기 때문에 기관 구분이 어려운 경우도 많다. 그러나 앞다리, 뒷다리와 같은 관절부 및 척추, 두개골 등은 뼈로 구성되어 있기 때문에 비교적 해부학적 구분이 쉬운 편이다.

이번 장에서는 흉부, 복부, 앞다리, 뒷다리, 척추, 머리 등으로 나누어 방사선 사진상에서의 해부구조를 이해하고자 한다. 사진상에서의 정상적인 구조가 어떠해야 하는지 제시함으로서 올바른 방사선 사진촬영을 위한 정보를 제공하고자 한다.

CHAPTER 02

흉부방사선

동물병원에서 가장 촬영빈도가 높은 방사선 촬영은 흉부방사선이다. 흉부방사선의 경우 심장이나 호흡기 쪽의 질환이 있을 때 주로 촬영되나, 꼭 질환이 아니더라도 건강 검진, 마취전 검사 등 건강한 동물에서 촬영되는 경우도 많다. 특히 마취 수행 시 기관 내 삽관튜브(endotracheal tube)의 사이즈를 측정할 때 직접 흉부방사선 촬영을 하여 기관 내경을 측정하고 이에 따라 튜브를 선택하는 병원이 많다.

흉부는 기본적으로 두 장의 사진을 찍는데 VD view(복배상, ventrodorsal view)과 오른쪽 외측상(RL, right lateral view)이다. 흉부방사선 내에서 확인이 가능한 신체 부위는 폐, 심장, 기관, 기관지, 각종 혈관, 림프절 등이다. 질병 여부나 나이 등에 따라 식도, 흉선 등이 보일 수도 있다. 예를 들면 흉선의 경우는 일반적으로 보이지 않으나 1살 이전의 반려견에서 관찰이 가능하다.

흉부방사선은 폐야(lung field)를 중심으로 폐의 모든 영역이 나오게 하는 것이 중요하다. 흉부방사선사진은 흉강의 입구(thoracic inlet)부터 횡격막(diaphragm)을 포함한다. 다만 흉부 부위 외에 다른 외부구조(extrathrocic structures)도 사진상에 나오게 된다. 흉부방사선 부위를 체계적으로 분류하면 연부조직, 뼈, 횡격막, 복강 등을 포함하는 흉부외부구조(extrathoracic structure), 폐가 중심이 되는 가슴막안 부위(흉막강, pleural space), 기관, 식도, 림프절, 대동맥, 대정맥 등을 포함하는 종격부위(mediastinum), 심장과 혈관부위 등으로 나눌 수 있다. 그중 흉부를 구성하는 가장 핵심적인 부위는 심장과 폐이다. 보통 장기나 기관은 방사선 밀도(radiopacity)에 따라 구분이 되는데 밀도가 높은 순서대로 금속(metal) − 뼈(bone) − 체액(fluid) − 지방(fat) − 공기(gas)이다. 여기서 심장은 연부조직(soft tissue)으로서 체액과 방사선 밀도가 비슷하고, 폐는 공기로 차 있기 때문에 두 조직은 방사선 사진에서 구분이 용이하다. 즉 방사선 사진상에서 심장은 흰색, 폐는 검은색으로 구분이 된다. 일반적으로 VD view에서는 심장이 흉부의 가운데 위치하

고 폐가 주의를 둘러싸고 있다. 심장과 폐의 마진(margin)은 구분하기 쉽도록 VD view
와 Lateral view에서 색깔로 아래와 같이 나타냈다(그림 4-1).

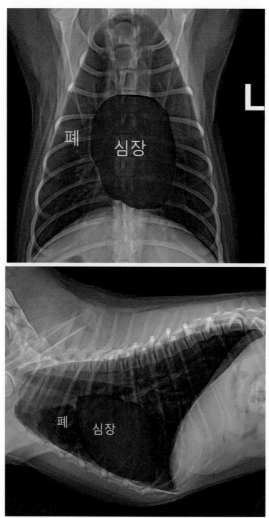

그림 4-1 VD view(상) 및 Lateral view(하)에서 폐와 심장의 구분

심장의 형태는 심장질환 판독에 있어 매우 중요하다. 심장은 기본적으로 계란 모양이
며 끝부위(첨단, apex)이 약간 왼쪽으로 치우쳐있다. 심장의 심방/심실의 크기 및 두께,
판막 등은 관찰이 불가능하며, 심장의 막(pericardium)에 따른 윤곽만 관찰이 가능하다.
따라서 방사선 사진상으로는 실루엣의 형태로(cardiac silhouette) 보이게 된다. 한편 심장의 형태와 크기 등은 심장 주위 지방(pericardial fat)이나 흉강의 깊이에 따라 다르다. 심장이 길고 좁은 형태가 있는 반면 짧고 둥근 형태도 있는데 이는 품종에 따라 다를 수 있다. 예를 들면 도베르만 핀셔나 콜리와 같이 흉강이 깊은 견종은 Lateral view에서 심장이 길고 서 있는 형태이며 기관이 심장과 분지(deviates)해 나가는 각도가 일반적인 견종에 비해 넓다. 한편 단두종인 불독은 Lateral view에서 심장이 짧고 더 둥근 형태이며 심장이 흉골 부위(sternal)와 접촉해 있는 것이 정상이고, VD view에서는 첨단(apex)이 좌측으로 더 치우쳐져 있다.

01 VD view에서의 흉부방사선

VD view에서 중요한 해부학적 구조는 심장, 폐, 기관, 폐혈관 등이다. 이 중 가장 중요한 부위는 위에서 언급한 것처럼 폐와 심장이다. 판독이 아닌 촬영 시에는 척추나 갈비뼈도 매우 중요한데, 이는 정상적인 방사선 사진에서 대칭으로 촬영하는 것은 매우 중요하기 때문이다. 정상적으로 촬영한 VD view에서는 척추의 가시돌기가 눈물방울(tear drop)과 같은 형태로 중앙에 위치하면서 갈비뼈가 대칭을 이루어야 한다. 또한 척추와 복장뼈(흉골, sternum)은 완전히 겹쳐보여야 한다. VD view에서 대칭이 잘 지켜지지 않으면 심장의 크기나 각도가 이상해 보여 오진을 할 수 있다.

폐는 우측 4개의 엽[앞(cranial), 중간(middle), 뒤(caudal), 덧(accessory)엽], 좌측 2개의 엽[앞(cranial), 뒤(caudal)엽]으로 되어 있는데 VD view 및 Lateral view에서는 엽 구분이 어렵거나 아주 얇은 선(thin line)만 보이게 된다. 오히려 엽을 구분하는 선이 아주 명확해서 엽 구분이 쉽게 된다면 비정상일 수 있다. 폐는 아래쪽 횡격막과 경계를 이루고 있으며 횡격막은 흉강과 복강을 구분하는 역할을 한다. 폐의 엽구분은 아래쪽 사진에서 표기되어 있다. 폐의 엽 구분은 방사선 사진상에서는 어렵지만 이해를 돕기 위해 본 장에서는 폐의 경계를 아래와 같이 그림으로 나타냈다(그림 4-2).

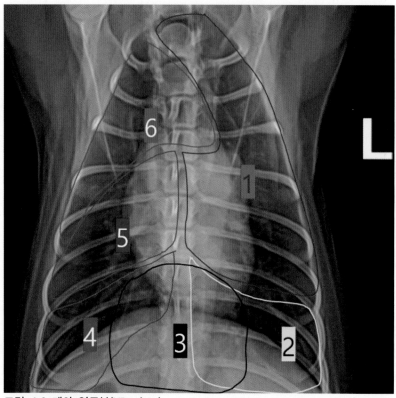

그림 4-2 폐의 엽구분(VD view)
1. 왼쪽앞엽(left cranial lobe); 2. 왼쪽뒤엽(left caudal lobe); 3. 덧엽(accessroy lobe); 4. 오른쪽뒤엽(right caudal lobe); 5. 오른쪽가운데엽(right middle lobe); 6. 오른쪽앞엽(right cranial lobe)

위에서 언급한 것처럼 심장의 형태는 심장질환 판독에 있어 매우 중요하나 심장의 심방/심실의 크기 및 두께, 판막 등은 관찰이 불가능하며, 심장의 막(pericardium)에 따른 윤곽만 관찰이 가능하다. 따라서 실루엣의 형태로(cardiac silhouette) 사진에서 보이게 되고, 위치를 바탕으로 심장의 각 세부 부위를 추측하는 형태이다. 예를 들면 정상적인 VD view에서 대동맥활은 시계를 기준으로 11−1시 사이, 폐동맥은 1−2시 사이, 왼심방귀(left auricle)는 2−3시 사이, 왼심실(좌심실)은 3−5시 사이, 오른심실(우심실)은 5−9시 사이, 오른심방(우심방)은 9−11시 사이에 위치하는 형태이다. 다음 사진(그림 4−3)에서는 이것을 토대로 부위를 표시하였다.

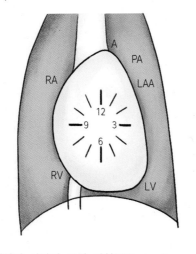

A = 11 to 1 o'clock
PA = 1 to 2
LAA = 2 to 3
LV = 3 to 5
RV = 5 to 9
RA = 9 to 11

그림 4-3 흉부방사선에서의 심장의 부위 명칭(DV view)

한편 폐와 폐의 사이는 세로칸(종격, mediastinum)이라고 하는데, 여기에는 많은 기관이 겹쳐 있다. 또한 사진상 심장이 한가운데 있기 때문에 기관별로 구분이 잘 되지 않는 경우도 많다. 예를 들어 VD view에서 심장의 위쪽 부위를 앞세로칸(전종격, cranial mediastinum)이라고 하는데 여기에는 흉선(thymus), 신경, 대동맥활(aortic arch), 앞대정맥(cranial vena cava), 림프절(lymph node), 식도(esophagus), 기관(trachea) 등이 지나가면서 서로 겹쳐있다. 윤곽이나 방사선 밀도를 통해 대략적인 위치가 파악 가능한 부위도 있지만 각 부위가 완전히 구분되지는 않는다.

기타 VD view에서는 혈관이나 폐동맥, 폐정맥, 뒤대정맥 등의 혈관을 관찰할 수 있다. 폐혈관의 동맥과 정맥은 모두 체액(fluid)이기 때문에 방사선 밀도상 사진에서는 구분이 가지 않으나 위치로는 구분이 가능한데, 폐동맥은 폐정맥보다 앞쪽(cranial)에 위치한다. 기관은 VD view에서 볼 때, 정중선(midline)에서 약간 오른쪽으로 치우쳐져 있으며 공기가 차있기 때문에 사진상에서 검은색을 보인다. 마찬가지로 공기가 가득 찬 기관지의 경우 액체가 들어있는 혈관과 달리 내벽이 나타나지 않는 이상은 폐에서 따로 구분해서 보기가 어렵다. 다만 염증이나 체액 등으로 인해 내벽이 나타나는 경우에는 내강이 뚜렷이 보이기도 한다(airbronchogram sign).

기타 VD view에서의 각 세부기관 명칭은 다음 그림에 제시되어 있다.

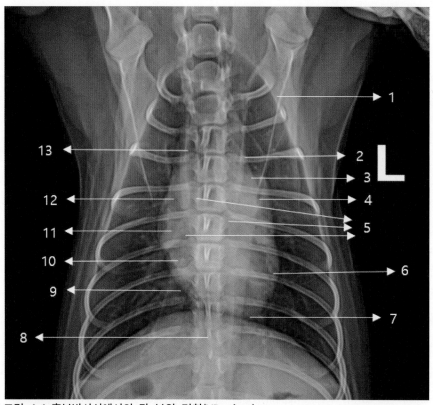

그림 4-4 흉부방사선에서의 각 부위 명칭(VD view)
1. 어깨뼈(scapula); 2. 대동맥활(aortic arch); 3. 주폐동맥(main pulmonary ar-
tery); 4. 좌심방귀(left auricle); 5. 기관(trachea) 및 기관의 분지(bifurcation); 6. 왼
심실(left ventricle); 7. 심장의 끝(첨단, apex); 8. 등뼈의 가시돌기(spinous process
of thoracic vertebra); 9. 뒤대정맥(caudal vena cava); 10. 오른심실(right ven-
tricle); 11. 폐동맥(pulmonary artery); 12. 오른심방(right atrium); 13. 앞쪽세로칸
(cranial mediastinum)

02 Lateral view에서의 흉부방사선

측면촬영은 우측(RL, right lateral)을 하는 경우가 많으나, 좌측(LL, left lateral)도 함께 촬
영하기도 한다. 측면촬영에서 RL과 LL은 횡격막의 형태와 심장의 모양으로 구분이 가
능하다. 예를 들면 RL은 심장이 계란 모양이나 LL은 좀 더 둥근 형태이다. 특히 RL은
횡격막의 오른쪽다리(right crus of diaphragm)과 왼쪽다리(left crus)의 각도가 평행이고,
LL은 각도가 생긴다. 종양 등의 전이가 의심되는 경우 양쪽 폐를 다 관찰하기 위해서

RL, LL을 모두 촬영한다. 또한 오른쪽 폐를 관찰해야 하는 경우 LL을 촬영하는데, 이는 오른쪽으로 눕게 되면 아래쪽에 깔려 있는(dependent) 오른쪽 폐가 압력을 받아 공기가 적게 채워지고, 반대쪽 폐(independent)는 공기가 많이 채워져서 더 까맣게 보여 구분이 쉽기 때문이다. 위에서 언급한 것처럼 폐 엽은 Lateral view에서도 확실한 경계구분은 쉽지 않다. 일반적으로 오른쪽과 왼쪽의 폐는 겹치는데, 뒤엽(caudal lobe)은 좌우가 겹치게 되고, 왼쪽 앞엽(cranial lobe)은 우측의 앞엽(cranial-) 및 가운데엽(middle-)과 겹친다. LL에서의 엽구분은 다음 그림에 나타나 있다. 왼쪽 앞엽의 경우 앞쪽(cranial)로 약간 더 튀어나온 형태이기 때문에 LL에서 왼쪽 앞엽의 끝(tip)이 어느 정도 구분된다(그림 4-4, 그림 4-5).

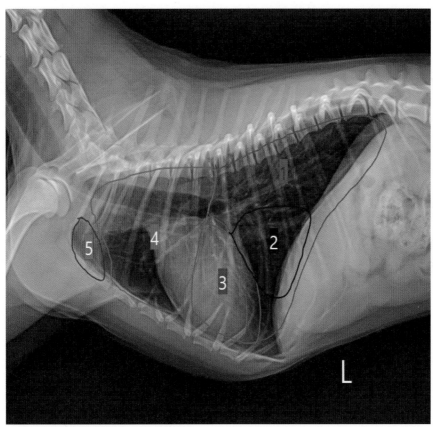

그림 4-5 폐의 엽구분(Lateral view)
1. 오른쪽뒤엽(right caudal lobe); 2. 덧엽(accessroy lobe); 3. 오른쪽가운데엽 (right middle lobe); 4. 오른쪽앞엽(right cranial lobe); 5. 왼쪽앞엽(left cranial lobe)

Lateral view에서 중요한 해부학적 구조는 VD view와 마찬가지로 심장, 폐, 기관, 폐혈관 등이다. Lateral view에서는 좌우측 갈비뼈가 함께 보이게 되는데 사진이 정확하게 찍혔는지 보기 위해서는 갈비뼈가 서로 겹쳐있어야(superimposed) 한다. 보통 앞다리와 뒷다리를 잡아 늘린(extended) 형태에서 촬영을 하기 때문에 견갑골과 앞다리가 앞쪽으로 뻗어있는 상태로 사진상에 함께 나오는 경우가 많다.

Lateral view에서 기관은 VD view에 비해 훨씬 명확하게 보이며 공기가 차 있기 때문에 검은색이다. 기관은 흉강의 입구에서 시작해 척추와 15−20도 정도 다른 각도로 뻗어나가는 것(deviation)이 정상적인 구조이나, 종별로 각도는 다소 다를 수 있다. Lateral view에서 심장의 뒤쪽으로는(뒤세로칸, caudal mediastinum) 폐혈관을 비롯하여 대동맥, 뒤대정맥 등이 지나가는 것을 관찰할 수 있으며 경우에 따라 식도도 관찰이 가능하다. 식도는 일반적으로 잘 보이지 않으나, 조영촬영을 하거나 식도에 문제가 있는 경우 윤곽을 관찰할 수 있다. Lateral view에서는 다양한 림프절도 관찰이 가능하나(복장뼈림프절, 기관기관지림프절, 앞세로칸림프절 등), 종대되지 않으면 잘 보이지 않는다.

VD view에서는 복장뼈와 척추와 겹치지만, 외측상에서는 흉골의 윤곽이 명백하게 보인다. 일반적으로 심장은 복장뼈와 닿아있다. 다만 기흉이 있거나 심각한 혈량저하증(hypovolemia)이 있으면 심장과 복장뼈가 많이 떨어져 있고 이 사이의 부분은 폐의 가스로 인해 사진상에서 까맣게 보이게 된다.

한편 흉부촬영 시에는 내장형 마이크로칩이 하얗게 나오는 경우가 있는데 이는 정상적으로 피하에 삽입된 상태이기 때문에 촬영오류나 허상(artifact)으로 오인해서는 안 된다. 기타 Lateral view에서의 각 세부기관 명칭은 다음 그림에 표시되어 있다.

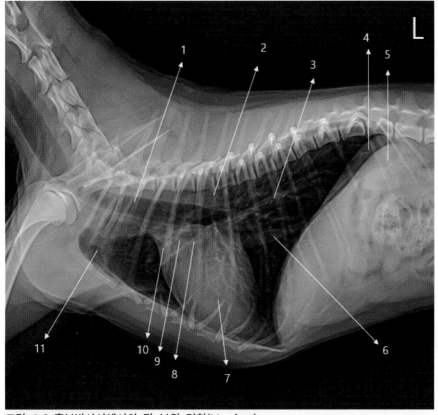

그림 4-6 흉부방사선에서의 각 부위 명칭(LL view)
1. 기관(trachea); 2. 내림대동맥(descending aorta); 3. 폐동맥(pulmonary artery);
4. 횡격막 왼쪽다리(left crus of diaphragm); 5. 횡격막 오른쪽다리(right crus of di-
aphragm); 6. 뒤대정맥(caudal vena cava); 7. 심장(heart); 8. 폐정맥(pulmonary
vein); 9. 기관지(bronchus); 10. 폐동맥(pulmonary artery); 11. 왼쪽앞엽의 끝부분
(tip of left cranial lobe)

03 고양이의 흉부방사선

고양이의 흉부방사선은 개와 기본적으로 동일하나 심장 및 흉강의 모양 등이 다소 상
이하다. 심장과 폐의 위치 등은 거의 동일하며, VD view와 Lateral view에서 관찰 가
능한 세부 기관도 대부분 유사하다. 다만 고양이는 개에 비해 흉곽이 다소 좁고, VD
view나 Lateral view 모두 약간 더 뾰족한(oval) 심장의 모양을 보인다. 개와 고양이의

심장이 다르다 보니, 심장의 크기를 측정하는 기준(vertebral heart size, VHS) 등도 다르다. 심장의 끝부분(첨단부, apex)는 중앙에서 약간 좌측으로 향해 있으며 고양이의 심방귀는 편평한(flat)한 형태이다. 또한 Lateral view에서 고양이의 심장은 다소 누워있는 편인데, 이러한 경향은 나이가 들수록 더 심해진다(lazy heart). 방사선 사진상에서 개는 종별로 해부학적인 편차(anatomic variation) 다소 있으나 고양이는 나이에 따른 약간의 차이 외에는 비교적 일정한(consistent) 편이다.

고양이 흉부방사선의 해부학 구조는 아래와 같다. 개와 거의 유사하기 때문에 몇몇 주요기관만 사진상에서 표시하였다.

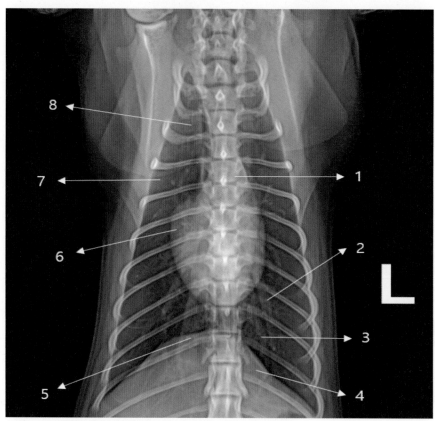

그림 4-7 고양이 흉부방사선에서의 각 부위 명칭(VD view)
1. 대동맥활(aortic arch); 2. 폐동맥(pulmonary artery); 3. 폐정맥(pulmonary vein); 4. 횡격막(diaphragm); 5. 뒤대정맥(caudal vena cava); 6. 심장(heart); 7. 폐(lung); 8. 기관(trachea)

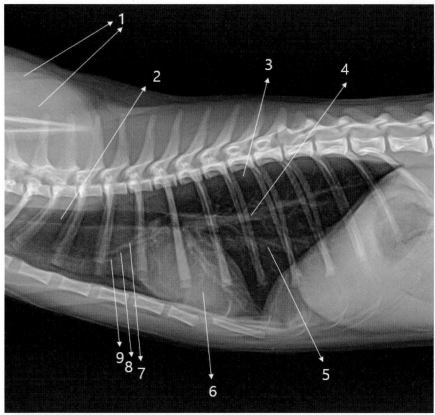

그림 4-8 고양이 흉부방사선에서의 각 부위 명칭(LL view)
1. 오른쪽왼쪽견갑골(left and right scapula); 2. 기관(trachea); 3. 내림대동맥(descending aorta); 4. 폐혈관(pulmonary vessel); 5. 뒤대정맥(caudal vena cava); 6. 심장(heart); 7. 폐동맥(pulmonary artery); 8. 기관지(bronchi); 9. 폐정맥(pulmonary vein)

CHAPTER 03

복부방사선

복부방사선은 흉부방사선과 더불어 동물병원에서 가장 빈도가 높은 촬영이다. 정상적인 방사선 사진에서는 횡격막부터 엉덩관절(고관절, hip joint)까지를 포함하게 된다. 동물보건사는 복부방사선 사진상에서 복부장기의 위치를 대략적으로 숙지하고 있어야 한다.

복부에서 확인이 가능한 뼈는 척추, 복장뼈, 갈비뼈, 엉덩뼈, 넙다리뼈 등이다. 해부학적으로 중요한 기관은 간, 위, 비장, 신장(2개, 좌우측), 방광, 소장, 결장 등이다. 기타 맹장, 전립선, 음경뼈(모두 개만), 십이지장 등도 관찰할 수 있다. 그러나 부신, 췌장, 담낭, 임파절, 난소, 자궁, 요도, 요관, 혈관, 횡격막(횡격막은 위치는 특정되나 뚜렷한 윤곽 구분은 어려움) 등은 사진상에서 나오지 않는다.

복부의 장기는 연부조직으로서 방사선 밀도(radiopacity)가 대부분 비슷하기 때문에 장기의 구분이 어렵다. 이러한 것을 "실루엣 사인(silhouette sign)"이라고 하는데, 이는 방사선 밀도가 비슷한 조직이 겹칠 때 경계의 구분이 어려운 것을 뜻한다. 다만 장내 가스, 지방 등이 있다면 구분에 도움을 줄 수 있다. 반면에 어린 강아지의 복부, 너무 말랐을 때, 복수가 찼을 때, 심한 비만, 심한 장기확대(severe organomegaly), 복막염, 종양 등이 있을 때에는 장기간의 윤곽(serosal detail)이 현저하게 낮아지기 때문에 세부기관 구분이 사실상 불가능하다.

01 VD view에서의 복부방사선

간은 횡격막의 바로 아래쪽에 위치하며 여러 개의 엽으로 구성되어 있으나 사진상에서 엽을 뚜렷이 구분하기는 쉽지 않다. 간의 바로 아래쪽에는 위가 있다. 위는 팽창이 가능하기 때문에 위가 비었는지 내용물이 있는지에 따라 크기가 달라지며 위가 가득 차 있는 경우 다른 장기를 밀어내는 경우도 많다. 위는 내부의 가스, 음식물에 따라 크기뿐 아니라 모양도 다르게 보이는데, 특히 촬영 포지션(position)에 따라 달라질 수 있다. 예를 들면 일반적으로 VD 포지션에서는 위바닥부분(혹은 위저부, fundus)에는 위 내용물이, 위몸통부분(혹은 위체부, body)는 가스가 차는데, DV 자세(dorsoventral position)로 찍게 되면 그 반대가 된다. 소장은 튜브(tube)나 루프(loop)와 같은 관의 형태로 되어 있으며 음식물이나 가스가 차 있다. 사진상에서 십이지장 외에 공장이나 회장 등의 뚜렷한 경계 구분은 어렵다. 결장은 VD view에서 물음표 모양인 것이 특징인데, 이는 오름(ascending), 가로(transverse), 내림(descending) 결장이 합쳐지면서 생기는 형태이다. 결장에는 대변이 차있는 경우가 많은데 이 때문에 다른 기관의 관찰이 힘든 경우도 있다. 비장은 길고 납작한 기관으로서 복부의 앞쪽 좌측(left cranial abdomen)에 위치하고 위의 바로 뒤쪽(caudal)이다. VD view에서 정중선 왼쪽에서 관찰이 가능하며 위바닥부(gastric fundus)의 가쪽(외측) 뒤쪽으로 삼각형의 비장머리가 보이게 된다. 신장은 둥근 콩 모양으로서, VD view 및 Lateral view 모두 오른쪽 신장이 앞쪽(cranial)으로 보이게 된다. VD view에서 오른쪽 신장은 다른 기관이나 변 등에 가려져서 윤곽이 보이지 않는(invisible) 경우도 많다. 개에서 신장이 위치하는 곳은 13번 등뼈(T13)에서 3번 허리뼈(L3) 사이이다. 방광은 VD view에서 엉덩뼈(ilium)의 사이에 위치하는데, 방광이 차 있는 경우 방광이 잘 보이지만 방광이 비어있는 경우에는 윤곽이 명확하지 않은 경우가 많다. 일반적으로 사진에는 좌우를 표시하나, VD view에서는 표시 없이도 결장의 형태(물음표 모양) 및 좌우 신장의 위치로 좌우 구분이 가능하다.

한편 복강 내에도 다양한 림프절(창자간막림프절, 안쪽엉덩림프절 등)이 있으며, 림프절이 커지는 경우에 관찰이 가능하다. 기타 젖꼭지, 체벽 등의 구조가 사진상에서 관찰 가능하다.

다음 그림에서는 VD view에서 복부 주요 장기의 위치를 색으로 나타내었고(상) 동시에 각 해부구조에 대한 명칭을 기입하였다(하). 마진이 명확하지 않아 위치를 특정하기 어려운 경우(방광 등)에는 일반적인 장기 위치에 윤곽선을 그려 넣었다.

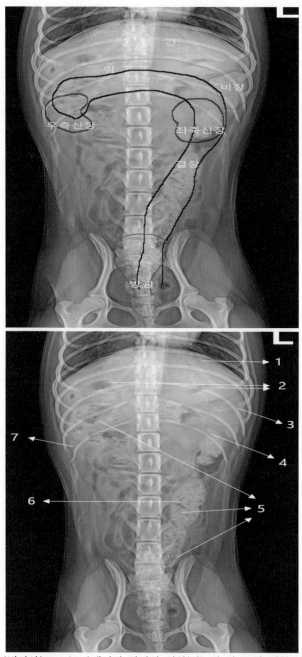

그림 4-9 복부방사선(VD view)에서의 장기의 위치(상) 및 각 부위 명칭(하)
1. 간(liver); 2. 위(stomach); 3. 비장머리(head of spleen); 4. 왼쪽신장(left kidney); 5. 결장(colon); 6. 대변(feces); 7. 오른쪽신장(right kidney)

간은 VD view에 비해 Lateral view에서 윤곽이 더 명확하게 나타난다. Lateral view에서 위의 가스를 이용해서 가상의 선을 만듦으로써 간의 축소나 종대 여부를 관찰할 수도 있다(gastric axis). 위는 간의 뒤쪽에 위치하며 위에서 언급한 것처럼 내용물과 내부 가스 등에 따라 확인이 가능하다. Lateral view에서는 비장의 꼬리가 복부의 배쪽 (ventral)에서 관찰되는데, 일반적으로 간의 바로 뒤쪽에 위치한다. 소장은 사진상 배쪽에 위치하며 비장과 방광 사이에 위치하는 경우가 많으나 위장 내 내용물이나 종양 등에 따라 밀려날 수도 있다. 소장에 가스가 차있는 경우 내강의 관찰이 가능하다. 결장은 위의 뒤쪽부터 항문부위까지 뻗어있으며 내부에는 변이 관찰된다.

Lateral view에서 신장은 VD view와 마찬가지로 오른쪽 신장이 앞쪽(cranial)에 위치하게 되는데 오른쪽과 왼쪽이 겹치면서 겹치는 부위의 방사선 밀도가 상승하는 경우가 많다(가중효과, summation). 위에서 언급한 것처럼 일반적으로 신장은 둥근 콩 모양이며, 울퉁불퉁하거나 크기가 너무 크면 비정상이다. 방사선 사진상에서는 신장의 윤곽만 관찰 가능하며, 신장의 세부적인 형태는 초음파를 통해 확인이 가능하다. 방광은 결장의 아래쪽, 엉덩관절(hip joint)의 앞쪽에 위치하며, 내용물이 있어 크기가 팽창되어야 윤곽의 구분이 쉽다.

다음 그림에서는 Lateral view에서 복부 주요 장기의 위치를 색으로 나타내었고(상) 동시에 각 해부구조에 대한 명칭을 기입하였다(하). 윤곽이 명확하지 않아 위치를 특정하기 어려운 경우(방광 등)에는 일반적인 장기 위치에 윤곽선을 그려넣었다.

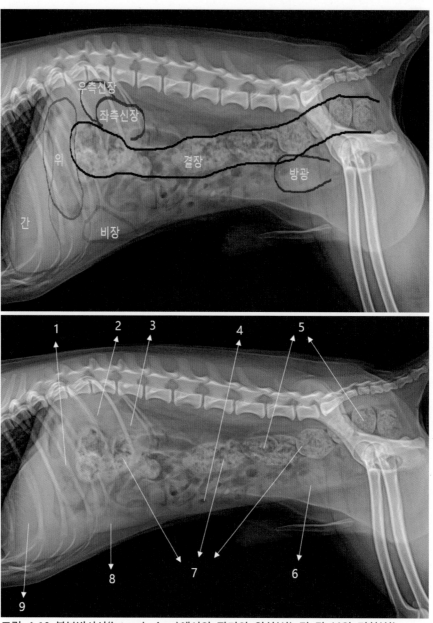

그림 4-10 복부방사선(lateral view)에서의 장기의 위치(상) 및 각 부위 명칭(하)
1. 위(stomach); 2. 오른쪽신장(left kidney); 3. 왼쪽신장(left kidney); 4. 소장의 단면(section of small intestine); 5. 결장 내 대변(feces in colon); 6. 방광(urinary bladder); 7. 결장(colon); 8. 비장꼬리(tail of spleen); 9. 간(liver)

앞에서 언급한 것처럼 복부는 장기별로 방사선 밀도(radiopacity)가 비슷하다 보니 장기별 구분이 힘들고, 정상적인 상태라도 특정 장기가 보이지 않는 경우도 있다. 따라서 장내 가스, 지방 등이 있어야 복강 내 장기간 윤곽(serosal detail)이 좋아져서 장기의 구분이 쉽다. 이런 측면에서 볼 때 고양이는 지방이 많아 개보다 장기의 구분이 더 쉽다. 고양이의 간은 특히 Lateral view에서 개에 비해 뾰족한 느낌을 주게 된다. 위는 VD view에서 볼 때 개에 비해 좀 더 왼쪽에 위치한다. 고양이의 비장은 개보다 상대적으로 짧고 얇게 보인다. VD view에서는 비장의 머리가 개와 비슷하게 관찰된다. 그러나 개의 경우 Lateral view에서 간과 위의 뒤쪽으로 비장의 꼬리가 관찰되는 것과는 달리 고양이에서는 비장의 꼬리 관찰이 어렵다. 소장은 개와 마찬가지로 관 구조를 가지고 있으며 내부는 가스, 내용물 등으로 차있기 때문에 방사선 밀도가 일정하지 않다 (mixed radiopacity). 고양이의 신장은 개에 비해 좀 더 둥근 느낌을 주며, 위치는 1번 허리뼈(L1)에서 5번 허리뼈(L5) 사이이다. 개의 신장 크기는 2번 허리뼈(L2)의 2.5−3.5배 정도이고 고양이는 2−3배 정도가 정상 크기이다.

다음 그림에서는 VD view와 Lateral view에서 고양이의 복부 주요 장기의 위치를 표시하였다.

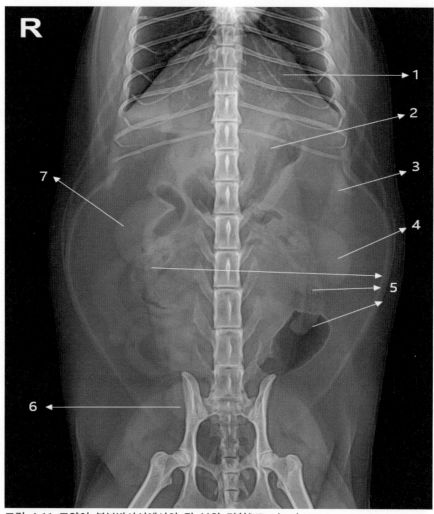

그림 4-11 고양이 복부방사선에서의 각 부위 명칭(VD view)
1. 간(liver); 2. 위(stomach); 3. 비장(spleen); 4. 왼쪽 신장(left kidney); 5. 결장(colon); 6. 방광(urinary bladder); 7. 오른쪽 신장(right kidney)

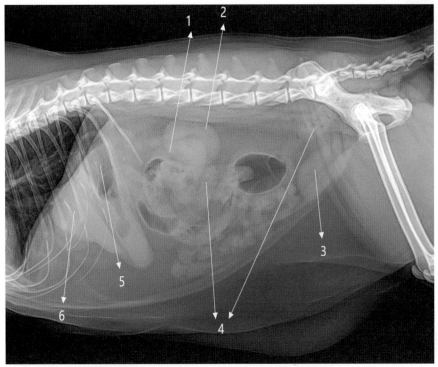

그림 4-12 고양이 복부방사선에서의 각 부위 명칭(Lateral view)
1. 오른쪽신장(right kidney); 2. 왼쪽신장(left kidney); 3. 방광(urinary bladder); 4. 결장(colon); 5. 위(stomach; 내부에 가스가 있음); 6. 간(liver)

CHAPTER 04

앞다리방사선

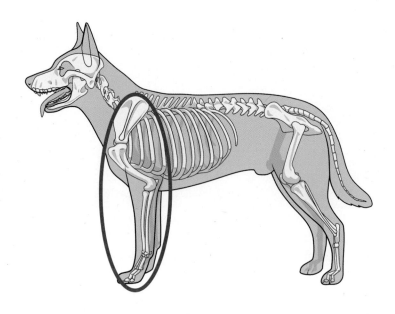

앞다리와 뒷다리는 근골격계 중에서 촬영 빈도가 높은 편이며, 그중 뒷다리의 촬영 빈도가 앞다리에 비해 높다. 아무래도 개와 고양이 모두 뒷다리에 하중을 더 많이 받게 되고, 슬개골, 십자인대파열, 고관절 이형성 등 다양한 관절 질병이 뒷다리에서 자주 발생되기 때문이다. 앞다리와 뒷다리는 뼈이기 때문에 방사선 밀도가 높아 방사선 사진상에서 구분이 쉬운 편이다. 물론 힘줄이나 인대 등을 관찰하기 위해서는 방사선 사진으로는 한계가 있으나, 뼈의 구조나 상태는 명확하게 파악이 가능하다. 따라서 척추 등과 마찬가지로 앞다리와 뒷다리의 일반적인 해부학적 골격구조를 이해하고 있다면 방사선 사진상에서 해당 부위를 동일하게 확인할 수 있다.

앞다리와 뒷다리 모두 관절을 중심으로 촬영하게 된다. 일반적으로 특정 관절을 중심으로 찍게 되면 해당 관절이 중심에, 그 원위부과 근위부의 뼈가 함께 나오는 것이 보통이다. 그리고 특정 뼈를 찍는다면 해당 뼈가 중앙에, 원위부과 근위부의 관절이 함께 나오게 된다. 예를 들어 무릎관절을 찍는다면 무릎관절이 중앙에 오고, 넙다리뼈(대퇴골, femur)가 사진의 위쪽에, 정강뼈(경골, tibia)와 종아리뼈(비골, fibular)가 사진의 아래쪽에 오게 된다. 그러나 소형견이 많은 국내의 특성상 이렇게 뼈와 관절을 세분하지 않고 한꺼번에 모든 뼈와 관절이 촬영되는 경우도 흔하다. 참고로 어린 강아지는 성장판이 보이고 뼈의 생김새와 갯수도 크게 다르다.

앞다리의 관절은 크게 3개로 나눌 수 있다. 어깨뼈(견갑골, scapula)과 상완뼈(상완골, humerus)가 어깨관절(shoulder joint)을 형성하고, 상완뼈와 노뼈(요골, radius)/자뼈(척골, ulna)가 앞다리굽이관절(elbow joint)를 구성한다. 노뼈/자뼈와 앞발목뼈는 앞발목관절(carpal joint)을 구성한다. 앞발목 관절의 아래쪽은 많은 뼈로 되어있고 다양한 관절 형성도 되지만 앞다리의 다른 관절에 비해 중요도는 떨어지는 편이다.

어깨뼈는 다른 뼈에 비해 넓으면서 납작한 형태이다. 어깨뼈에는 가시(spine)가 존재하는 것이 특징이며 가시의 위쪽(일반적으로 서있을 때에는 앞쪽)은 가시위오목(supraspinous fossa)을, 가시의 아래쪽(일반적으로 서있을 때에는 뒤쪽)은 가시아래오목(infraspinous fossa)을 형성한다. 상완뼈의 아래쪽은 노뼈 및 자뼈와 앞다리굽이관절을 구성한다. 자뼈의 도르래패임(trochlear notch)은 상완뼈와 관절하게 된다. 자뼈에는 다양한 돌기가 있는데 이 중 앞다리굽이돌기(anconeal process)는 앞다리굽이관절을 펼 때 자뼈꿈치오목(olecranon fossa)의 도르래위구멍(supratrochlear foramen)에 접촉하며 관절한다. 앞다리굽이관절의 아래쪽으로 노뼈와 자뼈가 붙어 내려간다. 다음 사진에는 앞다리의 craniocaudal view와 mediolateral view가 나타나 있다. 참고로 앞다리나 뒷다리의 경우 다리를 중심으로 광선이 들어오는 곳과 나가는 곳을 기준으로 명칭이 정해지는데, 예를 들어 cra-niocaudal view의 경우 다리의 앞쪽에서 뒤쪽으로 광선이 통과되는 view이다.

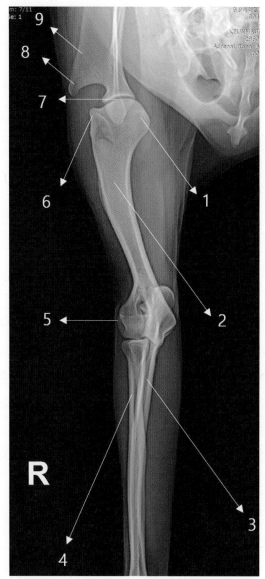

그림 4-13 오른쪽 앞다리의 Craniocaudal view(두미측상)
1. 상완뼈작은결절(lesser tubercle of humerus); 2. 상완뼈몸통(body of humerus);
3. 노뼈(ulna); 4. 자뼈몸통(body of radius); 5. 상완뼈바깥쪽 위관절융기(lateral epi-
condyle of humerus); 6. 상완뼈큰결절(greater tubercle of humerus); 7. 어깨관절
(shoulder joint); 8. 봉우리(어깨돌기, acromion); 9. 어깨뼈가시(spine of scapula)

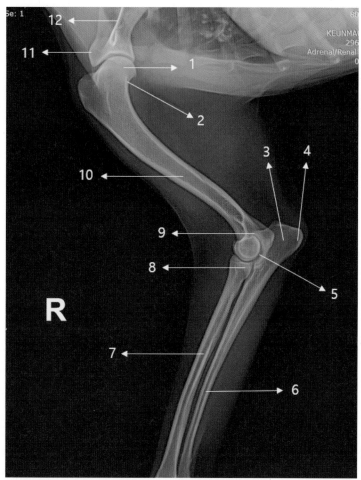

그림 4-14 오른쪽 앞다리의 Medilateral view(내외측상)

1. 상완뼈머리(head of humerus); 2. 상완뼈목(neck of humerus); 3. 자뼈꿈치머리 (olecranon); 4. 자뼈꿈치머리돌기(olecranon process); 5. 도르래파임(trochlear notch); 6. 자뼈몸통(body of ulna); 7. 노뼈몸통(body of radius); 8. 자뼈갈고리돌기 (coronoid process of ulna); 9. 앞다리굽이돌기(anconeal process); 10. 상완뼈몸통 (body of humerus); 11. 어깨뼈오목위결절(supraglenoid tubercle of scapula); 12. 어깨뼈 가시(spine of scapula)

앞발목은 크게 앞발목뼈(carpus), 앞발허리뼈(metacarpus), 앞발가락뼈(phalanges)로 구성된다. 앞발목뼈는 일곱 개의 작은 앞발목뼈들이 두 층으로 정렬이 된 형태이며, 앞발허리뼈는 다섯 개의 작은 뼈로 구성된다. 앞발가락뼈는 3파트(첫마디뼈, 중간마디뼈, 끝마디뼈)의 발가락뼈로 구성된다. 보통 P1, P2, P3로 표기되기도 한다.

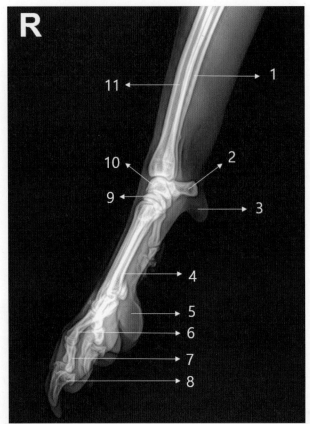

그림 4-15 오른쪽 앞발의 Mediolateral view(내외측상)

1. 자뼈몸통(body of ulna); 2. 덧앞발목뼈(accessory carpal bone); 3. 앞발목볼록살(carpal pad); 4. 앞발허리뼈(metacarpus); 5. 앞발허리볼록살(metacarpal pad); 6. 앞발가락첫마디뼈(proximal phalanx of digit, P1); 7. 앞발가락중간마디뼈(middle phalanx of digit, P2); 8. 앞발가락끝마디뼈(distal phalanx of digit, P3); 9. 앞발목뼈(carpal bone); 10. 노쪽앞발목뼈(radial carpal bone); 11. 노뼈몸통(body of radius)

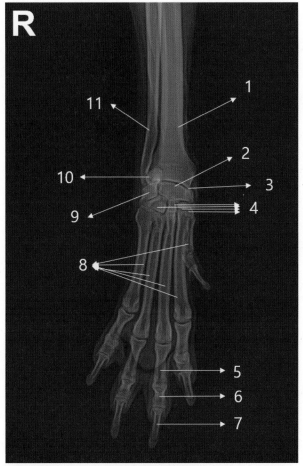

그림 4-16 오른쪽 앞발의 Dorsopalmar(앞발등발바닥) view
1. 노뼈몸통(body of radius); 2. 노쪽앞발목뼈(radial carpal bone); 3. 안쪽붓돌기
(medial styloid process); 4. 앞발목뼈(carpal bone); 5. 앞발가락첫마디뼈(proximal
phalanx of digit, P1); 6. 앞발가락중간마디뼈(middle phalanx of digit, P2); 7. 앞발가
락끝마디뼈(distal phalanx of digit, P3); 8. 앞발허리뼈(metacarpus); 9. 자쪽앞발목뼈
(ulnar carpal bone); 10. 덧앞발목뼈(accessory carpal bone); 11. 자뼈몸통(body of
ulna)

CHAPTER 05

뒷다리방사선

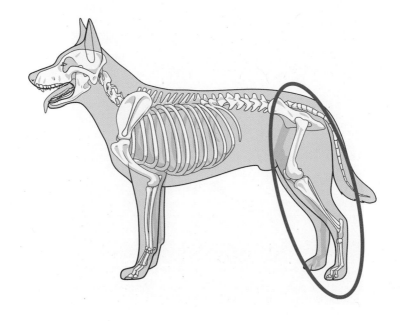

뒷다리는 여러 관절이 있으나 엉덩관절(고관절, hip joint), 무릎관절(stifle joint), 뒷발목관절(hock joint)의 촬영 빈도가 가장 높다. 이 3개의 관절 외에도 엉덩뼈(장골, ilium)과 엉치뼈(천골, sacrum)는 엉치엉덩관절(sacroiliac joint)을 이루고, 뒷발목 관절의 아래쪽에도 다양한 관절이 있다. 기본적으로 엉치뼈와 엉덩뼈가 관절되고, 엉덩뼈에 대퇴골이 관절되어 개의 뒷다리가 몸통에 부착되는 구조이다.

골반은 크게 궁둥뼈(좌골, ischium), 엉덩뼈(장골, ilium), 두덩뼈(치골, pubis)가 복합체(complex)를 이룬 형태이다. 이 뼈들은 절구뼈(비구골, acetabular bone)을 형성하고 여기에 넙다리뼈(대퇴골, femur)의 머리(head)가 결합하여 엉덩관절(hip joint)이 구성된다. 복부방사선 촬영은 횡격막부터 엉덩이 관절까지 포함되기 때문에, 촬영 시 엉덩관절의 위치를 확인하게 되는데, 이때 넙다리뼈의 큰돌기(greater trochanter)가 만져지기 때문에 촬영의 랜드마크가 된다. 넙다리뼈의 먼쪽에 있는 안쪽관절융기(medial condyle)와 가쪽관절융기(lateral condyle)는 정강뼈(경골, tibia)와 무릎관절을 구성한다. 이 두 융기 사이에는 도르래고랑(trochlear groove)이 있는데 여기에 무릎뼈(슬개골, patella)가 위치한다. 소위 이야기하는 슬개골 탈구는 이 슬개골이 도르래 고랑에서 벗어나 내측이나 외측으로 탈구되는 현상이다. 무릎뼈와 정강뼈거친면(tibial tuberoisity)은 무릎인대(patellar ligament)로 연결되어 있는데, 이 인대는 방사선 사진상에서 윤곽을 확인할 수 있다. 인대의 뒤쪽은 일반적으로 방사선 밀도가 낮아 검은색으로 보여, 검은색 삼각형태로 보이게 되는데 이를 무릎아래지방덩이(infrapatellar fat pad)라고 부르며 이곳의 방사선 밀도는 진단에 참조된다. 정강뼈와 종아리뼈는 나란히 내려오며 먼쪽에서 뒷발목관절을 형성한다.

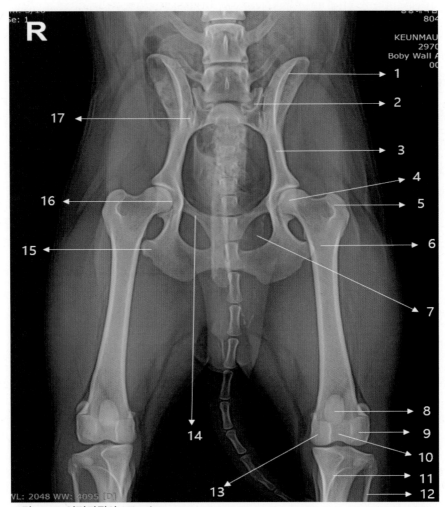

그림 4-17 엉덩관절의 VD view

1. 왼쪽엉덩뼈날개(wing of left ilium); 2. 엉치뼈(sacrum); 3. 왼쪽엉덩뼈몸통(body of left illum); 4. 왼쪽넙다리뼈 머리(head of left femur); 5. 왼쪽넙다리뼈큰대퇴돌기 (greater trochanter of left femur); 6. 왼쪽넙다리뼈몸통(body of left femur); 7. 왼 쪽폐쇄구멍(left obturator foramen); 8. 왼쪽무릎뼈(left patella); 9. 왼쪽넙다리뼈가쪽 관절융기(lateral condyle of left femur); 10. 왼쪽넙다리뼈융기사이오목(intercondylar fossa of left femur); 11. 왼쪽 정강뼈 거친면(tibial tuberosity of left tibia); 12. 종 아리뼈(fibula); 13. 왼쪽넙다리뼈내측관절융기(medial condyle of left femur); 14. 오 른쪽두덩뼈빗(right pecten pubis); 15. 오른쪽궁둥뼈결절(right ischial tuberosity); 16. 오른쪽엉덩이관절(right hip joint); 17. 오른쪽엉치엉덩관절(right sacroiliac joint)

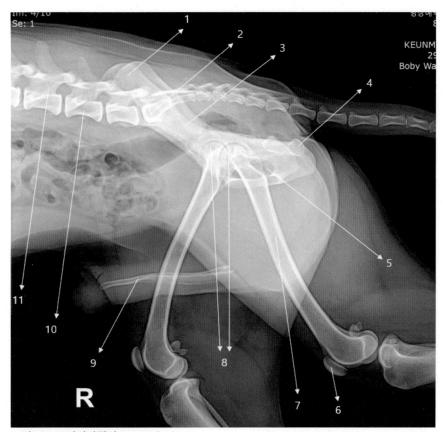

그림 4-18 엉덩관절의 Lateral view

1. 엉덩뼈날개(wing of ilium); 2. 엉치뼈(sacrum); 3. 엉덩뼈몸통(body of illum); 4. 궁둥뼈결절(ischial tuberosity); 5. 폐쇄구멍(obturator foramen); 6. 왼쪽무릎뼈(left patella); 7. 왼쪽넙다리뼈몸통(body of left femur); 8. 엉덩관절(hip joint); 9. 음경뼈 (os penis); 10. 6번 허리뼈의 척추몸통(body of 6th lumbar vertebrae); 11. 척주관 (spinal canal)

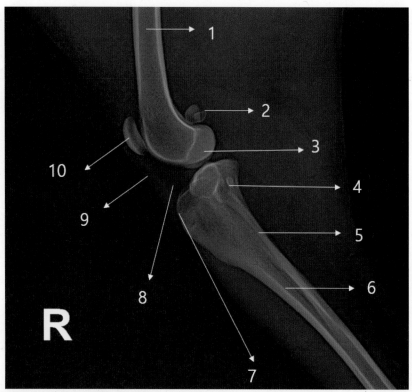

그림 4-19 오른쪽 무릎관절의 Lateral view
1. 넙다리뼈몸통(body of femur); 2. 장딴지근 안쪽과 가쪽 종자뼈[medial and lateral sesamoid bone of gastrocnemius muscle(fabella)]; 3. 넙다리뼈의 안쪽과 가쪽(겹쳐진 상태) 융기[medial and lateral condyle(superimposed) of femur]; 4. 오금근의 종자뼈(sesmoid of popliteus muscle); 5. 종아리뼈(fibula); 6. 경골(tibia); 7. 경골거친면(tibial tuberosity); 8. 무릎아래지방덩이(infrapatellar fat pad); 9. 무릎인대(patellar ligament); 10. 무릎뼈(patella)

뒷발목은 크게 뒷발목뼈(tarsus), 뒷발허리뼈(metatarsus), 뒷발가락뼈(phalanges)로 구성된다. 뒷발목뼈는 일곱 개의 작은 뒷발목뼈들이 세 층으로 정렬이 된 형태이며, 이 중 뒷발꿈치뼈(calcaneus)가 두드러지게 튀어나와 있다. 뒷발허리뼈는 네 개의 작고 길쭉한 뼈로 구성된다. 뒷발가락뼈는 3파트(첫마디뼈, 중간마디뼈, 끝마디뼈)의 발가락뼈로 구성된다. 앞다리와 마찬가지로 보통 P1, P2, P3로 표기되기도 한다. 뒷발허리뼈와 뒷발가락뼈는 앞다리의 앞발허리뼈와 앞발가락뼈와 구성이 거의 유사하다.

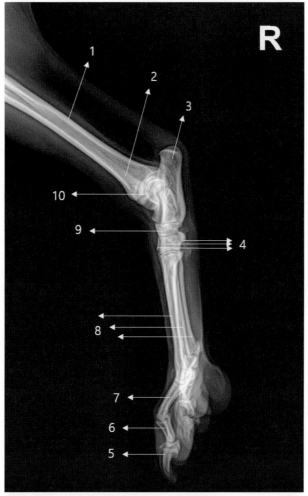

그림 4-20 오른쪽 뒷발의 Mediolateral view(내외측상)
1. 경골몸통(body of tibia); 2. 비골몸통(body of fibula); 3. 뒷발꿈치골(calcaneous); 4. 뒷발목골[tarsal(1-4)]; 5. 발가락끝마디뼈(distal phalanx of digit, P3); 6 발가락중간마디뼈(middle phalanx of digit, P2); 7. 발가락첫마디뼈(proximal phalanx of digit, P1); 8. 뒷발허리골(metatarsal bones); 9. 중심뒷발목골(central tarsal bone); 10. 목말골(talus)

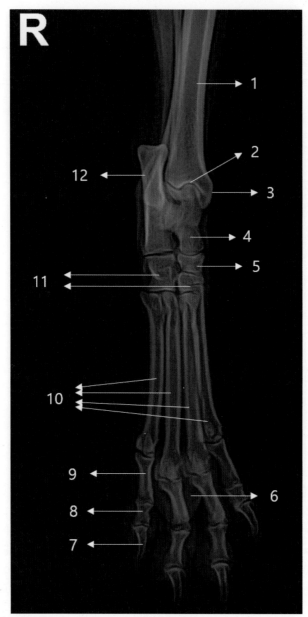

그림 4-21 오른쪽 뒷발의 Dorsoplantar(뒤발등발바닥) view
1. 정강뼈(tibia); 2. 뒷발목하퇴관절(tarsocrural joint); 3. 정강뼈내측복사(medial malleolus of tibia); 4. 목말뼈(talus); 5. 중심뒷발목골(centeral tarsal bone); 6. 뒷발허리볼록살(metatarsal pad); 7. 발가락끝마디뼈(distal phalanx of digit, P3); 8. 발가락중간마디뼈(middle phalanx of digit, P2); 9. 발가락끝마디뼈(distal phalanx of digit, P1); 10. 뒷발허리뼈(metatarsal bone); 11. 뒷발목뼈(tarsal bone); 12. 뒷발꿈치골(calcaneous)

CHAPTER 06

척추방사선

척추는 목뼈(경추), 등뼈(흉추), 허리뼈(요추), 엉치뼈(천추), 꼬리뼈(미추)로 구성되어 있으며 길게 구성되어 있기 때문에 한 번에 촬영은 어렵고 병변이 의심되는 부위별로 나누어서 촬영하게 된다. 척추의 개수는 부위별로 다르며, 동물별로도 차이가 있다. 다만 개와 고양이는 기본적으로 동일하며, 목뼈(cervical vertebrae) 7개, 등뼈(thoracic verte-brae) 13개, 허리뼈(lumbar vertebrae) 7개, 엉치뼈(sacral vertebrae) 3개, 꼬리뼈(caudal vertebrae) 20여 개로 구성되어 있다(표 4-1). 방사선 사진을 촬영하기 위해서는 척추의 생김새와 척추식을 기본적으로 숙지하고 있어야 한다.

▼ 표 4-1 개와 고양이의 척추식

척추골의 종류	개수	표시
목뼈 (경추, cervical vertebrae)	7개	C1-C7
등뼈 (흉추, thoracic vertebrae)	13개	T1-T13
허리뼈 (요추, lumbar vertebrae)	7개	L1-L7
엉치뼈 (천골, sacral vertebrae)	3개(합쳐진 형태)	S1-S3(fused)
꼬리뼈 (미추, caudal vertebrae)	20개(개체별 차이가 있음)	Cd1-Cd20

척추는 뼈이며, 뼈의 방사선 밀도(radiopacity)는 높기 때문에 방사선 사진상에서는 구분이 비교적 명확하다. 따라서 척추는 기본적인 해부구조만 알고 있다면 실제 엑스레이상에서도 동일하게 보이게 된다. 척추는 목뼈, 등뼈, 허리뼈 등이 모두 다르게 생겼

지만 척수(spinal cord)가 지나간다는 점에서 기본적으로 유사한 구조이다. 척수는 척추 몸통(body) 위쪽의 관(척주관, spinal canal)을 통해 지나가게 된다. 척추에는 다양한 돌기 (process)가 있는데, 어느 부위의 척추냐에 따라 돌기의 크기와 모양이 다르다. 기본적 으로는 위로 뻗어 있는 가시돌기(spinous process)와 옆으로 뻗어 있는 가로돌기 (transverse process)가 두드러진다. 척추뼈의 앞뒤에는 다른 척추뼈와 관절하는 앞관절 돌기(cranial articular process)와 뒤관절돌기(caudal articular process)가 있어 척추의 움직 임이 가능하다. 척추의 몸통(body) 위쪽에는 척수가 지나가게 되고 몸통은 섬유연골로 구성된 척추사이원반(추간판, intervertebral disc)이 존재한다. 이것이 소위 말하는 "디스 크"인데, 이것의 탈출하여 척수를 압박하게 되면 디스크 질병(intervertebral disc disease, IVDD)이 발생한다. IVDD는 MRI 등 보다 고도화된(advanced) 장비를 통해 확진하게 되 지만, 접근성이 높은 엑스레이 방사선으로 초기 진단을 하는 경우가 많다. 척추가 너 무 휘거나 대칭 등이 맞지 않으면 척추의 간격이 정상보다 좁아보이게 되는데, 이러한 경우 정상임에도 IVDD로 오진할 확률이 있다. 따라서 척추 촬영 시 척추를 일자로 만 들어 곧게 펴지도록 포지셔닝(positioning) 하는 것이 중요하다. 촬영 시 쿠션 등을 이용 해서 머리 등을 들려주거나, 반려동물의 척추가 곧게 신장되도록 잘 잡고 있어야 한다.

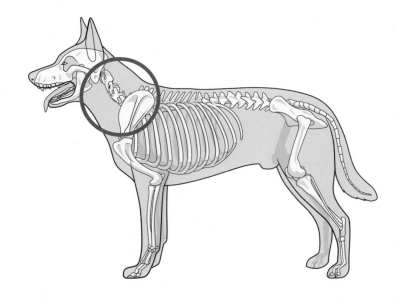

목뼈는 7개로 구성되어 있다. 이 중 1, 2번 목뼈는 다른 척추에 비해 모양이 독특하다. 1번 목뼈는 고리뼈(환추, atlas)라고 하며 가시돌기가 없고, 날개(wing)가 가로돌기처럼 양옆으로 튀어나와 있다. 고리뼈는 두개골의 뒤통수뼈(occipital bone)에 연결되어 있다. 2번 목뼈는 중쇠뼈(축추, axis)라고 하며 가시돌기가 두드러진다. 중쇠뼈의 앞쪽에는 치아돌기(dens)라는 독특한 구조가 있고 이것이 고리뼈와 연결되어 있다. 3−7번 목뼈는 서로 유사한 모양을 가지고 있다. 6번 목뼈의 가로돌기는 썰매(sled−like)와 같이 퍼진 형태를 보인다. 다음 그림에 각 해부학적인 구조를 표시해 두었다.

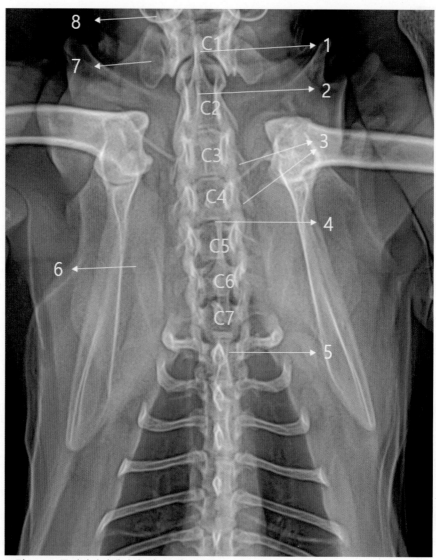

그림 4-22 목뼈방사선에서의 각 부위 명칭(VD view)

1. 중쇠뼈의 치아돌기(dens of axis); 2. 중쇠뼈의 가시돌기(spinous process of axis); 3. 3번 목뼈와 4번 목뼈의 가로돌기(spinous process of C3 and C4); 4. 4번 목뼈와 5번 목뼈의 척추사이공간(intervertebral disc space between C4 and C5); 5. 1번 등뼈(T1); 6. 견갑골(scapula); 7. 환추골 날개(wing of atlas); 8. 고실융기(tympanic bulla)

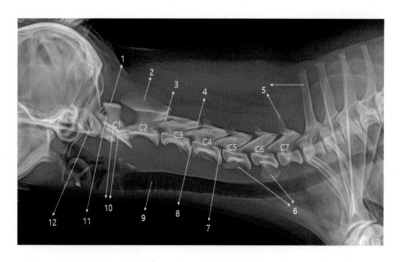

그림 4-23 목뼈방사선에서의 각 부위 명칭(Lateral view)

1. 고리뼈의 등쪽궁(dorsal arch of atlas); 2. 중쇠뼈의 가시돌기(spinous process of axis); 3. 3번 목뼈의 앞쪽관절돌기(cranial articular process of C3); 4. 3번 목뼈의 뒤쪽관절돌기(caudal articular process of C3); 5. 7번 목뼈 및 1번 등뼈의 가시돌기 (spinous process of C7 and T1); 6. 5번 목뼈 및 6번 목뼈의 가로돌기(transverse process of C5 and C6); 7. 4번 목뼈와 5번 목뼈의 척추사이구멍(intervertebral foramen between C4 and C5); 8. 4번 목뼈와 5번 목뼈의 척추사이공간 (intervertebral disc space between C4 and C5); 9. 기관(trachea); 10. 환추골 날 개(wing of atlas); 11. 고리뼈의 외측척추구멍(Lateral vertebral foramen of atlas); 12. 후두골(occipital bone of skull)

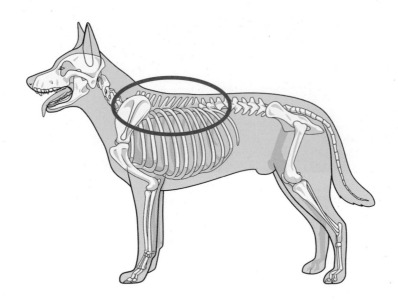

등뼈는 13개로 구성되어 있다. 등뼈는 가시돌기가 높게 솟아 있으며, 가로돌기가 비교적 짧고, 갈비뼈(늑골, rib)가 붙어 있는 것이 특징이다. 등뼈는 가시돌기가 첫 번째 등뼈(T1)부터 높게 솟아있고 갈비오목(costal fovea)에 갈비뼈의 머리가 붙어 있다. 갈비뼈의 수는 등뼈의 수와 같다. 갈비뼈는 갈비연골을 통해 복장뼈(sternum)과 관절한다. 처음 8쌍의 갈비뼈의 연골은 복장뼈에 직접 관절하고, 10−12번 갈비뼈는 직접 연결되어 있지 않고 복장뼈쪽으로 휘어진 형태이며 직접 붙어 있지는 않다. 13번째 갈비뼈의 갈비연골은 10−12번 갈비뼈와 다른 방향으로 연골이 뻗어 있다. 등뼈는 11번부터 가시돌기의 각도가 바뀌며 허리뼈의 형태와 비슷하게 바뀌는데, 이 척추를 수직척추뼈(anticlinal vertebra)라고 하며, 척추뼈의 번호를 확인하는 랜드마크로 활용된다. Lateral view에서 갈비뼈는 서로 겹쳐있어야(superimposed) 사진이 대칭으로 찍힌 것으로 볼 수 있다. 만약 갈비뼈가 서로 겹쳐있지 않으면 척추사이 공간이 더 좁게 보이거나 넓게 보일 수 있어 IVDD를 오진할 수 있다. 특히 등뼈 및 허리뼈 부위는 IVDD가 호발하는 위치인데, 이 중 T12−L1에서의 발생이 높다. VD 포지션에서는 흉부방사선 촬영과 마찬가지로 복장뼈과 척추뼈가 겹쳐보이고 가시돌기가 위쪽으로 눈물방울(tear drop)처럼 보여야 하며, 갈비뼈는 대칭을 이루어야 한다.

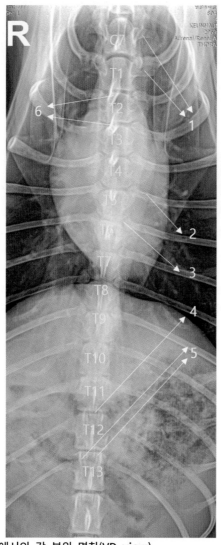

그림 4-24. 등뼈방사선에서의 각 부위 명칭(VD view)
1. 7번 목뼈의 가로돌기(spinous process of C7); 2. 5번 갈비뼈(5th pair of ribs); 3. 6번 등뼈의 가로돌기갈비오목(costal fovea of transverse process of T6); 4. 11번 등뼈 및 12번 등뼈의 척추사이공간(intervertebral disc space between T11 and T12); 5. 13번 등뼈의 꼭지돌기(mammillary process of T13); 6. 2번 및 3번 등뼈의 가시돌기(spinous process of T2 and T3)

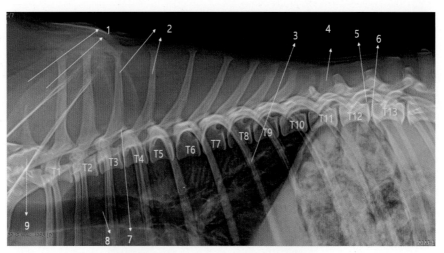

그림 4-25. 등뼈방사선에서의 각 부위 명칭(Lateral view)
1. 견갑골(scapula); 2. 3번 및 4번 등뼈의 가시돌기(spinous process of T3 and T4);
3. 8번 갈비뼈(8th pair of ribs); 4. 11번째 등뼈의 가시돌기[spinous process of
11th thoracic vertebrae(anticlinal vertebrae)]; 5. 12번 등뼈 및 13번 등뼈의 척추
사이구멍(intervertebral foramen between T12 and T13); 6. 12번 등뼈 및 13번 등
뼈의 척추사이공간(intervertebral disc space between T12 and T13); 7. 3번 등뼈
의 뒤관절돌기(caudal articular process of T3); 8. 기관(trachea); 9. 7번 목뼈(7th
cervical vertebrae)

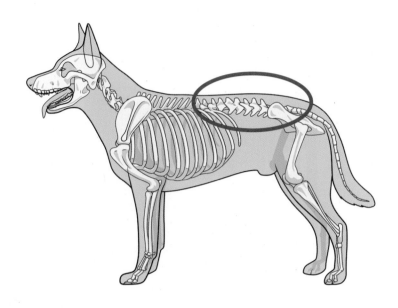

허리뼈는 7개로 구성되어 있다. 허리뼈는 등뼈에 비해 가로돌기의 크기가 큰 편이고 갈비뼈가 붙어 있지 않다. 등뼈에서 허리뼈 뒷번호로 오면서 가시돌기는 점점 작아지고 가로돌기는 점점 커진다. 허리뼈는 비교적 몸통이 크고 가로돌기가 길다. Lateral view에서 척추의 몸통(body)의 위쪽으로 방사선 밀도가 낮은 검은 관(canal)을 확인할 수 있으며 이곳은 척주관(spinal canal)으로 척수가 지나가는 위치이다. 엉치뼈는 본래 3개의 뼈가 하나로 붙어 있는 형태인데, 성견이 되면서 뼈가 융합된다. 엉치뼈는 7번 허리뼈의 바로 뒤에 나타나며 엉치엉덩관절(sacroiliac joint)를 형성한다. VD view에서는 양쪽 엉덩뼈(장골, ilium) 사이에서 엉치뼈의 확인이 가능하며 이곳은 방광과도 위치가 겹치는 곳이다.

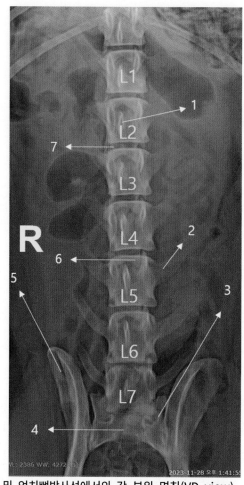

그림 4-26 허리뼈 및 엉치뼈방사선에서의 각 부위 명칭(VD view)
1. 2번 허리뼈의 가시돌기(spinous process of L2); 2. 5번 허리뼈의 가로돌기
(transverse process of L5); 3. 엉치뼈 날개(wing of sacrum); 4. 엉치뼈(sacrum);
5. 엉덩뼈 날개(wings of ilium); 6. 4번 허리뼈의 뒤쪽관절돌기(caudal articular
process of L4); 7. 2번 허리뼈 및 3번 허리뼈의 척추사이공간(intervertebral disc
space between L2 and L3)

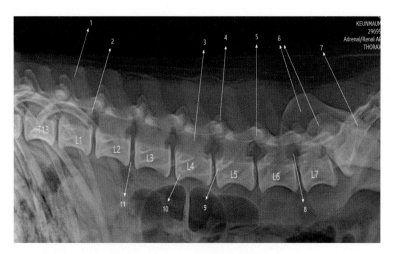

그림 4-27 허리뼈 및 엉치뼈방사선에서의 각 부위 명칭(Lateral view)
1. 1번 허리뼈의 가시돌기(spinous process of L1); 2. 1번 허리뼈의 부돌기 (accessory process of L1); 3. 척주관(spinal canal); 4. 5번 허리뼈의 앞쪽관절돌기 (cranial articular process of L5); 5. 5번 허리뼈의 뒤쪽관절돌기(caudal articular process of L5); 6. 엉덩뼈 날개(wings of ilium); 7. 엉치뼈(sacrum); 8. 6번 허리뼈 및 7번 허리뼈의 척추사이구멍(intervertebral foramen between L6 and L7); 9. 5번 허리뼈의 가로돌기(transverse process of L5); 10. 4번 허리뼈의 척추몸통(vertebral body of L4); 11. 2번 허리뼈 및 3번 허리뼈의 척추사이공간(intervertebral disc space between L2 and L3)

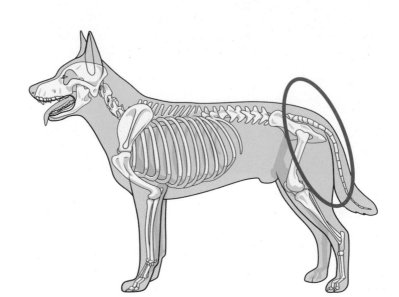

꼬리뼈는 20개(Cd1–Cd20)로 구성되어 있으나 개체별 차이가 있을 수 있다. 척추는 중추신경인 척수가 지나가는 면에서 중요성을 갖지만, 꼬리뼈는 척수가 거의 지나가지 않는 편이라 중요성도 낮고 촬영빈도도 적다. 꼬리뼈도 척추뼈이기 때문에 다양한 돌기를 가지고 있으나 뒤로 갈수록 돌기의 구조는 확인하기 어렵다. 꼬리뼈의 부위별 구조 및 명칭은 중요하게 다루어지지 않기 때문에 사진을 첨부하되 해부학적 세부구조에 대해서는 표시하지 않았다.

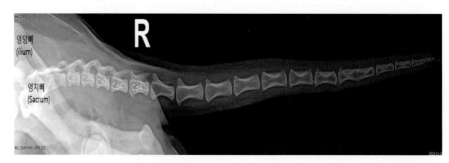

그림 4-28 꼬리뼈방사선(Lateral view)

CHAPTER 07

머리방사선

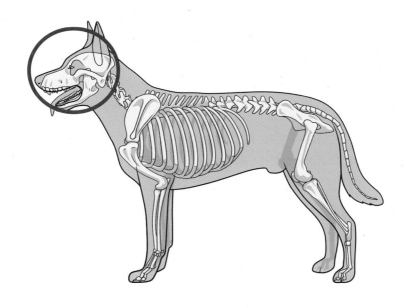

머리의 뼈인 두개골(skull)은 방사선 밀도(radiopacity)가 높은 다양한 뼈들이 모여서 복합체(complex)를 이루는 구조이다. 3D로 구성된 것이 2D가 되다보니 방사선 밀도가 비슷한 다양한 뼈들이 중첩되어 보이는 되는 현상(superimposition)이 나타나는데 방사선 사진상에서는 이것들의 구분이 쉽지는 않다. 물론 MRI를 비롯한 다양한 영상진단 기법이 발달하면서 뇌를 촬영할 수 없는 머리방사선 촬영의 중요성은 많이 감소하였다. 다만 방사선은 여전히 가장 접근도가 높은 1차적 진단방법이기 때문에 활용빈도는 높다. 머리방사선은 치아구조, 비강, 이마굴(전두동, frontal sinus), 귀, 두개관(calvaria) 확인 등이 필요할 때 촬영하게 되는데, 치아의 경우 치아 방사선을 따로 찍는 경우가 많다.

개의 두개골 모양은 종에 따라 편차가 심하다. 개는 두개골에 따라 장두개(dolichocephalic), 중두개(mesaticephalic), 단두개(brachycephalic) 종으로 나뉜다. 장두개는 두개골이 길고 좁은 형태이며 콜리나 그레이하운드 등이 포함된다. 중두개는 비글, 셰퍼드 등이다. 단두개는 짧고 넓은 두개골을 가지고 있고 불독, 퍼그 등이다. 고양이의 두개골은 개와 비교하여 이마굴과 코뼈(nasal bones)가 돔(dome)형을 이루고 있으며, 관자뼈(측두골, temporal bone)의 광대돌기(zygomatic process)가 더 넓다.

두개골의 주요 구조는 다음과 같으며 DV view와 Lateral view를 통해 나타냈다. 흉부나 복부방사선과 달리 VD view가 아닌 DV view를 기본으로 찍는 것이 머리방사선의 특징이다. 두개관(calvaria)은 뇌가 들어있는 부분으로서 위에서 높은 방사선 밀도로 인해 내부는 보이지 않는다. 이마굴은 일반적으로 공기가 차있는데 이마굴 등의 확인 등을 위해 rostrocaudal view로 촬영하기도 한다. 외이도(ear canal)는 가스가 차있기 때문에 관찰이 가능하며 고실융기(typanic bulla)는 Lateral view에서 좌우가 겹쳐보이게 된다. Lateral view에서는 인후두부도 함께 나오기 때문에 이곳에 문제가 있다면 확인이 가능하다. 특히 Lateral view에서는 superimposition이 비교적 적어 DV view에 비해 상악과 하악의 구분이 더 명백하다.

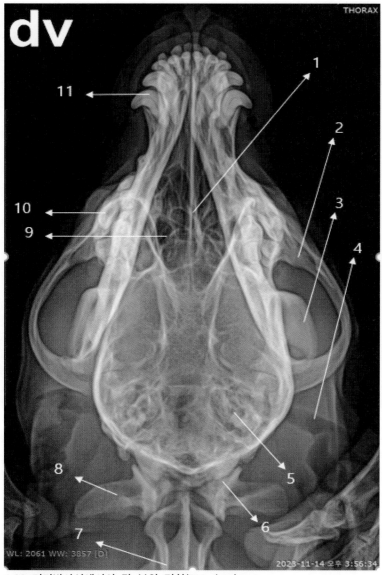

그림 4-29 머리방사선에서의 각 부위 명칭(DV view)

1. 코중격(nasal septum); 2. 광대뼈 측두돌기(temporal process of zygomatic bone); 3. 하악골의 갈고리돌기(coronoid process of mandible); 4. 외이도(external acoustic meatus); 5. 고실(tympanic bulla); 6. 고리뒤통수관절(atlanto-occipital joint); 7. 중쇠뼈(axis); 8. 고리뼈날개(wing of atlas); 9. 사골갑개(ethmoidal concha); 10. 네 번째 작은 어금니(premolar tooth, PM4); 11. 송곳니(incisive tooth)

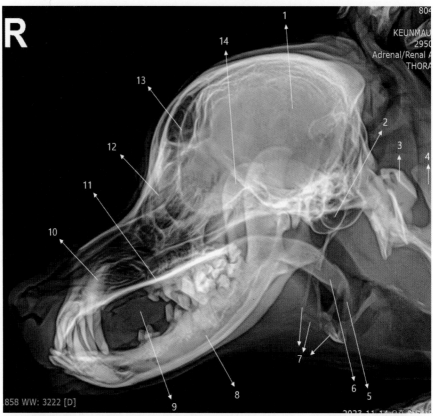

그림 4-30 머리방사선에서의 각 부위 명칭(Lateral view)
1. 두개관(calvaria); 2. 고실융기(tympanic bulla); 3. 고리뼈(atlas); 4. 중쇠뼈(axis)
5. 후두덮개(epiglottis) 6. 물렁입천장(연구개, soft palate); 7. 설골장치(hyoid appa-
ratus); 8. 하악골(mandible); 9. 혀(tongue); 10. 위쪽 송곳니 치아뿌리(roots of su-
perior canine tooth); 11. 단단입천장(경구개, hard palate); 12 사골갑개
(ethmoidal concha); 13. 이마굴(frontal sinus); 14. 하악골갈고리돌기(coronoid
process of mandible)

5

초음파검사 원리의 이해 및
검사보조

CHAPTER 01

서 론

초음파 영상은 동물환자의 신체 일부를 고주파 음파에 노출시켜 신체 내부의 영상을 생성한다. 초음파 검사는 환자를 방사선검사와 달리 엑스선에 노출시키지 않으며 실시간으로 신체 부위를 시각화하는 데 사용된다. 실시간으로 간, 쓸개(담낭), 이자(췌장), 지라(비장), 콩팥(신장), 심장의 구조 및 혈관의 움직임을 확인할 수 있으며 초음파를 사용하여 이자염(췌장염, pancreatitis), 장기 비대, 콩팥/방광 결석, 간문맥단락증(PSS)과 같은 상태를 진단하고 초음파 유도하에 바늘을 이용하여 조직 생검을 실시할 수 있다. 초음파 영상은 최소한의 보정(동물 자세잡기)이나 필요한 경우 진정제를 사용하여 신속하게 수행할 수 있다.

CHAPTER 02

초음파검사의 원리와 기기의 구성

01 초음파 원리

초음파는 사람이 들을 수 있는 소리(주파수가 초당 20,000cycle 이상인 음파)의 범위보다 높은 주파수를 가진 음파를 말하며 1cycle/second를 1Hz(hertz)라 한다.

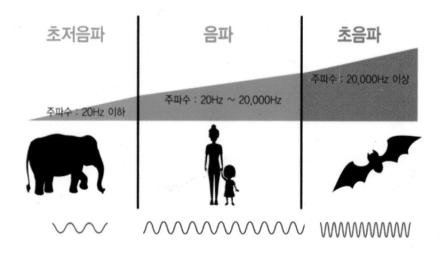

그림 5-1 주파수와 파장

초음파 검사는 사람의 귀에 들리지 않는 높은 주파수의 음파를 신체 내부로 보낸 후 내부에서 반사되는 음파를 영상화시킨 것으로 검사하고자 하는 부위의 위치에 탐촉자

(probe)를 밀착시키면 실시간으로 장기의 움직임을 영상으로 얻을 수 있으며 장기의 구조와 형태, 혈류 흐름까지도 측정 가능하다. 또한 우리 몸에 해로운 방사선을 사용하지 않아 신체에 무해하고, 신속하고 간편하게 비침습적으로 시행할 수 있는 검사로 복부 장기와 심장, 안구 내부나 일부 뇌 부분을 검사할 수 있을 뿐 아니라, 관절강 내나 조직검사를 위한 검체 채취에도 사용된다. 하지만 초음파는 공기를 투과하지 못하므로 공기가 차 있는 위장관을 검사하기에는 적합하지 않는 경우가 많고 환자의 비만이 심한 경우 초음파가 지방층을 잘 투과하지 못해 병변을 영상화할 때 어려움이 있거나, 뼈를 투과하지 못해 뼈 속을 검사하는 것도 한계가 있다.

02 초음파의 전달

초음파는 음파(sound wave)이기 때문에 빛의 전달과는 차이가 있으며 전파되기 위해서 매개체가 필요하다. 매개체의 특성에 따라 전달 속도에 차이가 나며 같은 매개체 또는 매질 내에서는 항상 같은 전달 속도를 가진다(표 5-1). 동물의 생체 조직은 주 구성 요소가 수분이기 때문에 초음파의 생체 내에서의 전달 속도는 물에서의 전달 속도인 1,540m/s와 유사한 값을 갖는다. 대부분 공기로 채워진 폐 조직에서 가장 낮은 음속을 나타내는 반면, 골 조직에서 4,080m/s로 가장 높은 음속을 보인다.

▼ 표 5-1 음파의 속도

매질	전달속도(m/s)
공기(air)	331
지방(fat)	1,450
물(water)	1,540
간(liver)	1,549
혈액(blood)	1,570
근육(muscle)	1,585
골피질(cortical bone)	4,080

03 초음파와 물질의 상호작용

초음파는 매개체 및 물질과 여러 상호작용을 하는데, 이러한 모든 성질이 종합되어 초음파 영상으로 나타나므로 각각의 특징과 원리를 이해하여야 한다.

1) 흡수(Absorption)

음파가 물체를 통과할 때, 마찰력에 의해 일부 에너지가 흡수된다. 이 에너지는 열로 전환되어 초음파 영상에 더 이상 기여하지 않는다. 이처럼 초음파의 운동 에너지가 열 에너지로 바뀌는 현상을 흡수라고 한다. 연부 조직에서 초음파 빔의 흡수 정도는 주파수에 비례하여, 초음파 빔의 주파수가 두 배로 증가하면 흡수 정도가 두 배로 증가하게 된다. 이는 탐촉자를 고르는 데 중요한 요인으로 작용하는 데 그 이유는 공간적 해상도가 주파수에 비례하기 때문이다. 고주파를 사용하면 해상능력은 좋아지지만 흡수율이 증가되어 심부 조직을 검사하는 데 방해가 된다.

2) 반사(Reflection)

서로 다른 음향 저항(Acoustic impedance)을 가지는 두 매질의 경계면에 음파가 입사되면 일부는 투과하고 일부는 반사되어 탐촉자(probe)로 돌아오게 된다. 이때 반사되는 크기는 두 매질 간의 음파 저항 차이에 의해 결정된다. 경계면이 정반사체(specular reflector)인 곳에 초음파 빔이 입사되는 경우에는 입사각과 반사각이 동일하게 나타난다.

음파 저항의 차이가 클수록 반사가 많아지는데 두 매질 간의 밀도차가 클수록 음향 저항의 차이가 큰 경계면을 형성하기 때문에 반사파가 증가한다. 일반적으로 연부조직과 공기와의 반사력이 가장 크다고 알려져 있으며, 초음파 검사 시에 피부와 탐촉자 사이에 젤(gel)을 바르는 이유도 탐촉자와 피부 모공 속의 공기와의 음향 저항을 최대한 감소시키기 위함이다. 또한 음파의 반사는 입사각에 의해 크게 영향을 받는다. 음파 저항의 차이가 있는 반사체가 입사되는 초음파 빔에 직각으로 존재하는 경우, 빔의 입사각과 같은 방향으로 반사가 많이 발생하여 탐촉자로 돌아오는 빔의 양이 많기 때문에 초음파 영상이 명료하게 나타나지만, 입사각이 감소하게 되면 빔은 탐촉자와 반대 방향으로 반사되고 영상에 포함되지 않게 된다. 따라서 건이나 인대의 초음파 검사를 시행할 때는 관찰하고자 하는 구조물에 수직으로 탐촉자를 위치시켜야 한다.

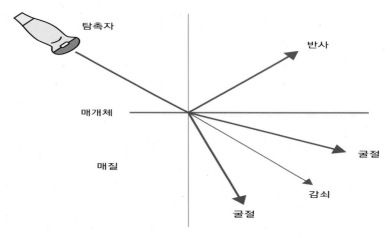

그림 5-2 조직 내 초음파의 상호작용

3) 굴절(Refraction)

굴절이란 초음파가 매질의 경계면에 비스듬히 입사할 때, 두 매질의 밀도 차에 의하여 음파 진행 방향이 바뀌는 것을 의미한다. 굴절 현상은 초음파 영상에서 허상(artifact)의 주된 원인이 되는데, 물체의 공간적 위치화(localization)가 방해를 받아서 실제 구조물의 위치가 아닌 다른 위치에 구조물이 있는 듯하게 나타나게 된다.

4) 투과(Transmission) 및 감쇠(Attenuation) 효과

음파가 물체의 표면에서 일부 반사되고 일부는 통과하여 매질을 통하여 더 깊은 곳까지 도달하는 것을 투과라고 한다. 이 과정 중 음파는 에너지를 잃고 점점 더 투과율과 반사력을 잃는데, 초음파가 투과되어 진폭(amplitude)과 강도의 감소가 일어나는 것을 감쇠라고 한다. 결석이나 뼈에서는 감쇠계수가 크고 흡수가 많아 음향음영(acoustic shadow)이 나타난다.

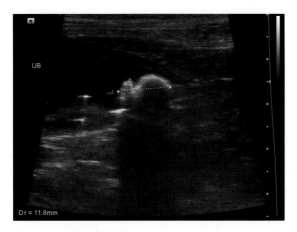

그림 5-3 음파의 감쇠효과
※ 방광 내 결석 결석(화살표)에서 감쇠계수가 높아 음향
　 음영이 관찰된다.

5) 산란(Scattering)

초음파 빔이 매질 사이의 경계 면에 반사될 때, 표면이 편평하면 정반사(specular re-flection)가 발생한다. 그러나 표면이 불규칙한 반사면에 부딪히면 초음파 빔이 여러 방향으로 흩어지게 되는데 이것을 산란이라고 한다. 또한 초음파 파장보다 작은 물체의 경계면에 부딪힐 때에도 초음파 빔이 사방으로 흩어지는 산란 현상이 나타난다(diffuse scattering). 산란은 산란체의 크기가 작을수록, 주파수가 높을수록 많이 발생하는데, 산란 강도가 주파수의 4제곱에 비례하기 때문에 주파수를 2배 높이면 산란 강도는 16배 증가하게 된다.

04 초음파검사의 원리

초음파검사에서 초음파는 초음파 탐촉자(probe) 혹은 변환장치(transducer)에서 나오는데, 탐촉자 안에는 압전효과(piezoelectric effect)가 있는 물질이 있어서 전기에너지를 기계적 에너지로 즉 초음파 에너지로 바꿀 수 있으며 반대로도 기능하다. 이때 초음파 전환장치는 초음파를 내보내고(transmitter) 신호를 받아들이는(receiver) 역할을 하는데, 전체 기간을 중 1%의 시간 동안 초음파를 발생시키고 99%의 시간 동안에는 되돌아오는 '에코'를 받는 역할을 한다. 환자의 검사 부위에 초음파 발생 장치를 밀착시킨 상태에서 신체 내부로 초음파를 보냈을 때 반사되어 돌아오는 반사파를 측정하여 영상이나 파형으로 표시한 화면을 보고 질병을 진단하는 영상진단기기로 신체 내부는 물, 공기, 지방, 연부조직, 뼈 등 여러 성분으로 구성되어 있어 초음파의 전파 속도가 각 매질 내에서 달라 진단적 가치를 가지게 되는 것이다.

05 초음파기기의 구성과 명칭

Ⓐ 화면(monitor)
Ⓑ 탐촉자: linear probe
Ⓒ 탐촉자: convex probe
Ⓓ 기기 계기판(console)

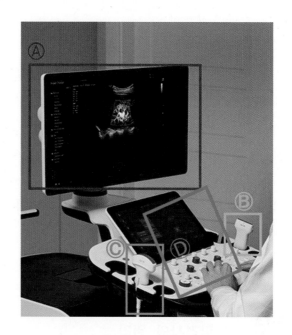

그림 5-4 초음파기기의 구성

1) 화면(Monitor)

검사하고자 하는 부위의 진단이 가능하도록 영상을 표현해주는 모니터이다.

2) 기기 계기판(Console)

① **전원 버튼(On-off button):** 기기의 전원을 켜고 끄는 버튼이다.

② **환자 세부 정보 버튼(Patient details button)**: 검사가 시작되기 전 환자의 세부 정보를 입력하기 위해 사용하는 버튼이다. 환자의 이름, 성별, 나이, 보호자 이름, 의료차트 번호 등을 입력하고 검사를 실시하는 날짜와 시간은 일반적으로 기기에서 자동으로 입력되므로 검사 전 기기의 날짜와 시간이 올바로 설정되어 있는지 확인한다.

③ **검사 전 설정 버튼(Exam presets button)**: 제조업체에서 설정한 세팅 값을 선택할 수 있다(복부 초음파 검사의 경우 복부 검사 설정 값을 사용). 필요에 따라 일부 값을 조정할 필요가 있으나 이러한 사전 설정 버튼은 신속한 검사를 위해 매우 유용하게 사용된다.

④ **정지 버튼(Freeze button)**: 검사 중 이미지를 정지시키는 버튼이다. 일부 기계에서는 마지막 수백 개의 프레임이 자동 저장되므로 검사자가 프레임을 돌려 최상의 이미지를 선택하여 저장할 수 있다.

⑤ **깊이 조절 버튼(Depth button)**: 검사하고자 하는 부위를 잘 관찰하기 위해 깊이를 늘리거나 줄이기 위해 누르는 버튼으로 제조사에 따라 손잡이(knob) 형태일 수 있다. 깊이를 증가시키면 깊은 위치에 있는 구조물을 검사할 수 있지만 화면 영상이 작아지므로 일반적으로 복부 검사를 할 때는 검사하는 장기가 화면의 약 75%를 차지하는 것이 좋다.

⑥ **확대 버튼(Zoom button)**: 영상 확대는 관심 영역을 좀 더 크게 보기 위해 사용하는 버튼이다. 기계에 따라 화면 중앙에 보이는 것을 확대할 수 있거나, 검사자가 영역을 선택해서 확대할 수 있는데 부신이나 혈관과 같은 작은 구조물을 검사할 때 유용한 버튼이다.

⑦ **저장 버튼(Save button)**: 일반적으로 이미지를 저장하는 버튼이다.

⑧ **측정 버튼(Measure button)**: 측정기구(calliper)를 이용하여 길이나 면적 등을 계산할 수 있는 버튼이다. 이를 이용하면 병변이 진행 중인지 치료반응이 나타나고 있는지 확인이 가능해 병변을 비교하는 데 유용하다.

⑨ **TGC(Time gain compensation)**: 이 버튼은 특정 영역(근거리, 중거리, 원거리)에서 이미지를 조정하는 데 사용한다. 깊은 곳에 위치한 장기나 병변을 확인할 때 에코 신호의 강도가 감쇠 현상에 의해 미약해질 수 있는데 이를 보완하기 위해 깊이에 따라 감도를 보상·조절할 수 있도록 한 장치로 피부 가까운 부분부터 검사하고자

하는 깊은 곳 장기까지 일정한 회색 범위(scale)로 보이도록 TGC를 조절한다면 깊은 부위를 검사하는 데 도움이 된다.

TIP!

TGC curve

① 깊이 있는 조직으로부터 되돌아오는 에코는 얕은 깊이의 조직에서 되돌아오는 에코보다 양이 적고, 에코가 되돌아오는 시간은 반사되는 표면의 깊이와 직접적으로 관련이 있다.

② 깊은 조직으로부터 탐촉자에 도달하는 약한 에코에 대해서 선택적으로 되돌아오는 시간(return time)을 늘려 보상적으로 gain을 증가시킬 수 있다.

③ 이 과정을 TGC 조절이라고 하고, 다양한 깊이에서 gain을 조절하는 것을 TGC curve로 표현한다.

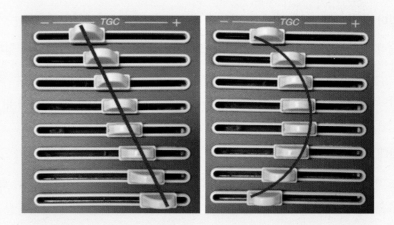

그림 5-5 [복부초음파 검사 시 TGC]　　　　[심장초음파 검사 시 TGC]

⑩ **탐촉자 선택 버튼(Probe selection button):** 이 버튼을 사용하면 기계에 연결된 탐촉자 중 하나를 선택할 수 있다.

⑪ **주파수 선택 버튼(Frequency selection button):** 선택한 주파수는 검사하고자 하는 조직에서 음파의 최대 침투 깊이에 영향을 준다. 침투 깊이는 주파수(frequency)와 반비례하므로 주파수가 높을수록 침투할 수 있는 깊이는 감소하고 높은 주파수를 선택하면 검사 부위의 해상도가 높아져 작은 병변의 변화도 진단하기가 쉽다.

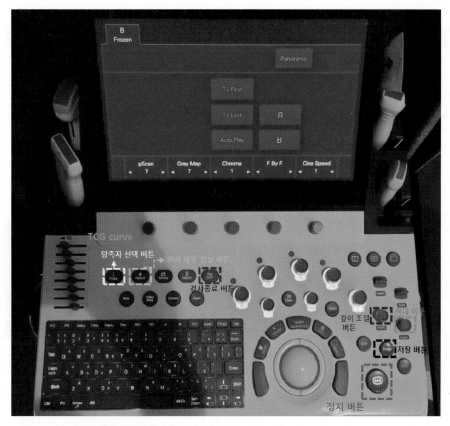

그림 5-6 초음파기기 계기판

3) 탐촉자(Transducer, probe)

초음파의 탐촉자는 일정한 간격으로 음파를 발산하고 그 음파의 에코를 받아들이는
역할을 하는 초음파 검사에서 중요한 도구이다. 일반적으로 하나의 탐촉자는 주어진
특정한 주파수를 방출하므로 탐촉자를 선택할 때, 검사하려는 장기나 조직의 깊이를
통과할 수 있는 적절한 주파수의 탐촉자를 선택해야 한다. 일반적으로 5kg 이하의 개
나 고양이 복부 초음파 검사에는 7.5~10MHz를 선택하고 대형견은 3.0~5.0MHz를 주
로 사용한다.

▼ 표 5-2 탐촉자 종류

Probe type	Linear	Convex	Sector
탐촉자에서 나오는 빔의 형태			
화면 영상의 예			

① 형태에 따른 분류

- Linear probe(직선형 탐촉자): 막내 모양의 탐촉자에 다중 크리스탈이 일렬로 배열되어 있어 직사각형 형태의 나타나며 주로 표재성 기관, 갑상선, 타액선 등 경부 초음파 검사 시 사용하며 해상도는 좋으나 투과력이 약하다.
- Curvelinear/convex probe(볼록형 탐촉자): 빔 모양과 스크린 영상의 모양이 부채꼴 모양으로 나타나는 탐촉자로 탐촉자의 길이보다 넓은 영상을 확보할 수 있고 주로 복부 초음파에 많이 활용된다. microconvex는 좁은 부위 검사에 유용하고 larger convex은 간을 영상화할 때 유용하다.
- Sector probe(부채꼴형 탐촉자): 위상차 배열 방식으로 진동자마다 시간차를 두는 방식으로 화상의 질이 높아진다. 표재성 부근의 상이 좁기 때문에 사각이 생기는 단점이 있으나 원거리 부근의 장기 관찰에 매우 용이하다. 끝이 작으므로 갈비뼈 사이 스캔이 가능해 심장초음파 검사에 유용하다(CW 도플러 검사 가능).

② 주파수에 따른 분류

- 고주파수: 7~15MHz
- 저주파수: 3~5MHz

06 초음파기기 영상의 표시방법

신체에서 수신된 반사파의 표시방법으로는 다음과 같은 4가지 방식으로 모니터에 표시된다.

① **A-mode(진폭 모드, Amplitude mode):** 1차원 표현으로 거리(시간)에 따른 진폭 변화를 표시하는 방법이다. Amplitude(진폭)의 머리글자 A를 따서 A-mode라 칭하며 반사 부위를 탐촉자에서의 거리(시간)로 표시한다. 반사의 강조를 파형의 높이(진폭)로 표시하는 방법으로 초음파뇌검진(echoencephalography), 안과(눈의 직경 측정), 낭종(cyst) 확인에 적용된다.

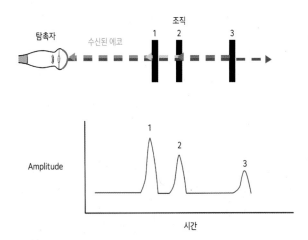

그림 5-7 A-mode

② **B-mode(밝기 모드, Brightness mode):** 2차원 영상(gray scale)으로 초음파 진단 장비의 가장 기본적인 영상이다. Brightness(밝기)의 머리글자 B를 따서 B mode라 칭하며 반사파의 강조를 점(dot)의 밝기로 바꿔, 진폭에 따라 흑색에서 백색까지의 농도로 표시한다. 동물병원에서 사용하고 있는 복부초음파 진단장비의 대부분이 B-mode 방식으로 검사하고 있다.

③ **M-mode(움직임 모드, Motion mode):** Motion(움직임)의 머리글자 M을 따서 M-mode라 칭하는데 이는 휘도를 변조시킨 B-mode를 모니터상에서 움직이고

있는 에코원까지의 거리를 시간축상의 움직임으로 표시하는 방법이다. 세로축에 반사체의 깊이를 나타내고 가로축에 시간을 나타내므로 보통 심장초음파 검사에서 빠르게 움직이는 심장판막과 심실 중격과 좌심실 벽의 움직임을 기록하는 데 사용된다.

④ D-mode(도플러 모드, Doppler mode): 도플러 효과를 이용하여 혈류의 방향, 속도(velocity), 혈류 특성, 깊이에 대한 정보를 얻을 수 있다. 심장초음파 검사에서 심장판막에서의 혈액의 역류, 혈관의 압력 진단 등에 이용된다.

▼ 표 5-3 초음파 영상의 표현 방식

B-mode 검사	M-mode 검사	칼라 도플러 검사
B(brightness)는 밝기를 말하며 탐촉자에서 초음파를 발사한 후 검사 부위에서 반사되어 돌아오는 초음파 음속들은 점(dot)들로 배열하여 실시간으로 획득하는 영상 표현 방식	- 한 줄기의 초음파 빔을 발사하여 반사되어 돌아오는 반향을 횡축을 시간축으로 하여 영상화한 것 - 빠른 심장의 움직임을 수치로 평가하는 데 유용	초음파는 '음'의 한 종류이기 때문에 도플러 효과(구급차가 사라져가면 사이렌 소리가 낮아지는 것처럼 들리는 현상)가 나타나는 성질을 이용하여 다가오는 혈액과 멀어져 가는 혈액을 파악할 수 있으므로 심장 내 혈액의 흐름을 검사할 수 있음

에코음영(Echogenicity)

초음파 진단에서 '에코(echo)'는 탐촉자를 검사 부위에 밀착시켜 보낸 초음파가 반사돼 돌아오는 반향으로, 에코음영(echogenicity)에는 무에코성(an-echo), 저에코성(hypo-echo), 동등에코성(iso-echo), 고에코성(hyper-echo)로 구분한다.

고에코성은 조직이 현저하게 다른 음향의 방해를 받으면 높은 강도의 반사를 일으키고 흰색 또는 밝은 회색의 영상으로 모니터 화면에 나타나는데 이러한 구조를 고에코성이라고 한다. 동맥의 벽, 섬유성 장기의 가장자리, 간질의 섬유성 조직, 횡격막, 심낭은 일

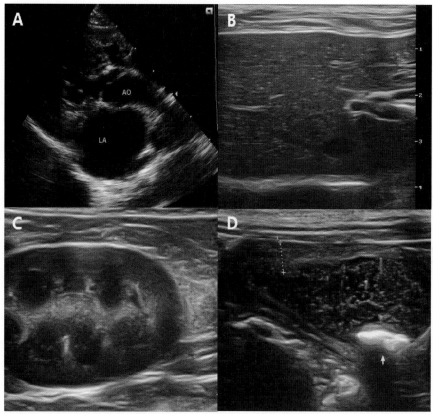

그림 5-8 실질 장기의 에코음영(echogenicity)
※ A 심장 내 무에코성 혈액(unechoic blood), B 균질한 실질의 간(isoechoic liver)
　C 신장의 겉질과 겉질보다 에코가 낮은 속질(hypoechoic medulla)
　D 고에코성 침전물(hyperechoic sediment)을 포함한 방광 내 무에코성 요
　　(unechoic urine)

반적으로 고에코성이다. 간, 비장, 췌장, 부신, 갑상선, 전립선과 같은 정상적인 실질 장기는 중등 에코성과 함께 다양한 에코로 구성된 균일한 에코를 가진다. 저에코성을 가진 구조는 정교하고 분산(dispersed)되고 약하거나 중간 정도의 검은 회색의 에코를 보이게 된다. 신장의 속질, 장의 근육층 등은 일반적으로 저에코성일 수 있다. 체액, 담즙, 요, 혈액처럼 음향의 방해가 없는 조직은 무에코성으로 화면에 검게 표현된다.

08 초음파검사 장비의 준비

초음파검사를 실시하기 전 보조자는 검사를 진행하는 공간을 어둡게 한다. 밝은 일광이나 인위적인 빛은 검사자가 초음파 영상을 잘 볼 수 없게 하고, 화면에서 빛을 반사시켜 영상을 잘 보이지 않게 하기 때문이다. 초음파검사를 위한 장비의 준비하는 순서는 다음과 같다.

① 기기의 전원(on-off) 스위치를 켠다.

② 환자 정보를 입력하기 위해 계기판에서 "Patient(환자)" 버튼을 누르고 동물환자의 세부 정보를 입력한다.

③ **탐촉자(Transducer)/주파수(Frequency) 선택:** 검사에 적합한 탐촉자/주파수를 선택하고 "검사 전 설정 버튼"을 눌러 검사 부위에 맞는 검사 설정값을 선택한다.

④ 환자의 검사할 부위를 초음파 기계에서 선택한다.

⑤ 영상의 최적화를 위해 검사 부위에 맞게 Depth, Focus, Gain, TGC 등 조절한다.

- Depth: 검사 부위를 어느 정도 크기로 관찰할 것인가를 결정한다. 소형견 복부 검사할 때는 4~5cm 정도가 적절한다.
- Focus: 검사하는 장기의 해상도를 높이기 위해 조정한다. 관찰하고자 하는 부분이 영상화되고 초점(Focus)를 이 깊이로 이동시킨다.
- Gain: 영상의 밝기를 조절한다.
- TGC(time-gain compensation): 검사 장기의 깊이(death)에 따른 투과도 보정을 위해 설정한다.

CHAPTER 03

초음파검사를 위한 동물환자의 준비

01 복부초음파(Abdominal ultrasound)

① 검사 부위에 따라 환자는 금식이나 관장이 필요할 수도 있다. 복부 초음파 검사의 경우, 검사 8시간 전 금식이 추천되며 금식이 24시간을 넘을 경우 소장에 가스가 다시 차기 때문에 24시간을 넘겨서는 안 된다. 배변을 시키면 장 내용물의 방해 없이 장 분절의 검사가 용이하다. 그리고 방광 검사가 필요한 환자의 경우 검사 전 배뇨를 하면 방광이 수축하여 방광 내 평가나 방광 벽 등의 평가가 어려울 수 있으므로 보호자가 안고 검사를 대기하는 것이 좋다.

② 삭모(Clipping): 털을 깎아 검사할 부위의 피부와 탐촉자 사이 공기와의 음향 저항을 최대한 감소시켜 양질의 영상을 획득하는 데 도움이 된다. 하지만, 검사하고자 하는 부위의 넓이, 탐촉자의 크기와 빈도, 품종, 보호자의 원하는 정도 등에 따라 삭모의 정도가 고려될 수 있다. 털의 특징에 따라 삭모의 정도를 달리할 수 있는데 거칠고 딱딱한 속털을 가진 환자는 반드시 털을 깎아야 좋은 영상을 획득할 수 있지만 길고 부드러운 털을 가진 환자의 경우 알코올로 묻혀서 갈라놓고 검사를 진행할 수 있다. 특히 털을 깎는 것에 대해 거부감이 있는 보호자에게는 검사의 중요성을 충분히 설명하고 신속하고 정확한 검사를 위해 털을 깎는 것을 이해시키는 것이 필요할 수 있다.

③ 복부초음파의 경우, 환자는 검사를 받는 동안 불편함이 없도록 편안한 자세로 누워

서 검사를 진행한다. 보다 빠르고 좋은 결과를 얻기 위해서는 V자 모양의 검사보조대에 눕혀서 검사를 실시할 수 있다.

④ 검사할 부위에 초음파가 잘 전달되도록 젤을 바른다. 삭모한 피부 면에 공기 입자가 개재할 수 있다면 젤을 바르기 전 알코올 스프레이를 검사 부위에 뿌릴 수 있고 만약 환자의 털을 깎을 수 없는 경우라면 초음파 젤을 적용하기 전 알코올로 털과 피부를 충분히 적셔야 한다.

⑤ 초음파 탐촉자(probe)를 환자의 검사 부위에 밀착시켜 검사를 진행한다.

⑥ **복부 초음파를 위한 동물환자의 보정(자세잡기):** 일반적인 복부 초음파의 보정은 복배상(ventrodorsal)의 자세를 취하며 순응도가 높은 환자의 경우 대부분 보정에 잘 적응하지만 검사 과정에서 오는 통증으로 자세를 흐트러뜨릴 있어 동물보건사는 환자의 행동 변화에 빠르게 대처할 수 있어야 한다. 예민하거나 겁에 질린 동물환자는 다루기가 어렵고 갑자기 공격적으로 변할 수 있기 때문에 동물보건사는 항상 주의하고 침착하게 동물환자를 다룬다. 긴장으로 인한 뻣뻣한 자세는 복부 초음파 검사 시 방해 요소로 작용하므로 직접적인 눈 접촉을 피하고 귀를 편평하게 눕히거나 최대한 복부의 긴장을 풀 수 있도록 유도한다. 공격성이 심한 동물의 경우 보정을 위한 보조기구(입마개, 엘리자베스칼라)를 이용하거나 필요한 경우 진정이나 마취를 하고 초음파 검사를 실시한다.

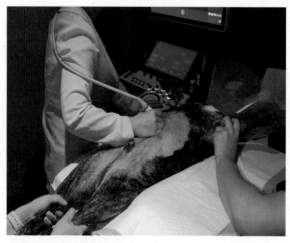

그림 5-9 복부초음파 검사

02 심장초음파(Echocardiography)

심장초음파는 초음파를 이용해 실시간으로 심장의 움직이는 모습을 관찰함으로써 심장의 해부학적 구조의 이상과 기능 등을 평가하는 검사법이다. 대부분의 심장질환에서 매우 중요하게 사용되고 있으며 많은 심장질환에서 높은 정확도를 가진다.

① 심장초음파 검사를 위해서는 금식이 필요하지 않으나 검사를 위해 마취가 예상되는 경우에는 금식한다.

② 검사할 부위의 털을 깎는다(3~6번째 갈비뼈 사이 공간).

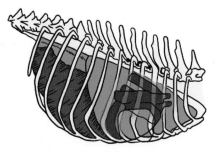 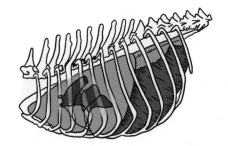

[동물의 오른쪽 외측면에서 봤을 때 심장의 위치] [동물의 왼쪽 외측면에서 봤을 때 심장의 위치]

그림 5-10 환자 외측면에서 심장의 위치

③ 환자가 검사를 받는 동안 불편함이 없도록 편안한 자세로 누워서 검사를 진행한다. 폐의 간섭을 최소화하기 위해 환자는 옆으로 누운 자세에서 검사를 진행하는 데 이때 원형의 구멍이 있는 검사보조대에 환자를 눕히고 그 구멍 아래로 탐촉자를 넣어서 흉벽에 댄다. 검사에 매우 비협조적이거나 사나운 동물의 경우 진정 혹은 마취가 필요할 수 있으나 검사 결과에 영향을 미칠 수 있으므로 제한적으로 사용한다.

④ **심장초음파를 위한 동물환자의 보정(자세잡기)**
  • Right lateral recumbency(우측면 횡와자세): 환자의 몸통 오른쪽 면이 검사대에 닿도록 눕히고 초음파 탐촉자(probe)가 환자의 오른쪽 복장뼈와 갈비연골(늑연골, costal cartilage) 연접부 공간으로 접근해서 검사를 진행한다. 검사보조자는

오른쪽 손으로 환자의 앞다리를 잡고 왼쪽 손으로 환자의 뒷다리를 잡고 왼쪽 팔로 환자의 몸통의 움직임을 제한함으로써 환자의 검사를 보조한다.

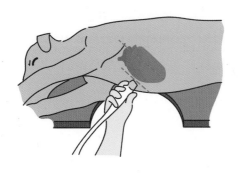
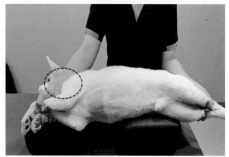

그림 5-11 우측면 횡와자세

• Left lateral recumbency(좌측면 횡와자세): 환자의 왼쪽 면이 검사대에 닿도록 눕히고 초음파 탐촉자(probe)가 환자의 왼쪽 복장뼈와 갈비연골(늑연골, costal car-tilage) 연접부 공간으로 접근해서 검사를 진행한다. 검사보조자는 왼쪽 손으로 앞다리를 잡고 오른쪽 손으로 환자의 뒷다리를 잡고 오른쪽 팔로 환자의 몸통의 움직임을 제한함으로써 환자의 검사를 보조한다.

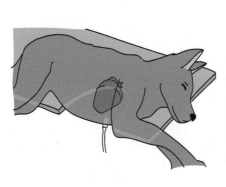
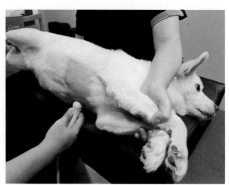

그림 5-12 좌측면 횡와자세

⑤ 삭모한 피부 면에 공기 입자가 개재할 수 있으므로 알코올 스프레이를 뿌릴 수도 있다.

⑥ 검사할 부위에 초음파가 잘 전달되도록 젤을 바른다.

안초음파는 초음파를 이용해 안구의 해부학적 구조의 이상과 육안적으로 관찰할 수 없는 신생물 등을 평가하는 검사법이다. 검사를 위해 환자가 앉은 자세에서 검사보조자는 한 손으로 환자의 머리를 잡고 다른 한 손으로 환자의 몸이 최대한 보조자의 몸에 밀착되도록 해서 움직임을 제한한다.

안초음파검사를 통해 각막, 전안방, 홍채, 모양체, 수정체, 초자체와 같은 안구의 구조물을 평가할 수 있고 구조물의 크기나 안구 내 종괴 등을 확인할 수 있으며 특히 과도한 연조직 부종을 동반한 안와 외상, 수정체 이상(백내장, 수정체 파열, 수정체 탈구 등), 망막박리 및 유리체 이상을 관찰할 수 있다. 정확한 검사를 위해 움직임 많은 경우 진정 또는 안과적 국소마취가 필요할 수 있으며(검사 소요시간 평균 10~15분) 일반적인 상황에서는 눈꺼풀 털을 삭모할 필요가 없다.

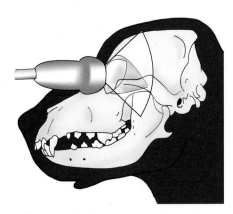 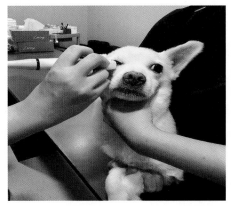

그림 5-13 안초음파

CHAPTER 04

초음파 유도 하 천자 및 조직검사

초음파 유도 하 천자(Ultrasound-guided centesis)는 흉수 또는 복수가 있는 환자에서 적용될 수 있는데 이는 정상 구조물의 손상을 최소화하기 위해 초음파 영상을 확인하면서 원하는 방향으로 안전하게 바늘을 통과시켜 흉수 또는 복수를 천자하는 방법이다. 초음파 유도 검사는 조직학적 검사, 세포학적 검사 또는 세균배양검사 등에 선행되는 검체 수집이 가능하고 임상적 소견이나 영상진단검사, 실험실검사로는 확인할 수 없는 실질 장기들의 병변과 종양의 진단과 평가를 위해 필요하다. Blind biospy(맹검)에 비해 초음파 유도 검체 수집은 검사 과정 전 목적하는 조직의 위치, 크기, 형태와 실질 변화 등을 확인할 수 있고 초음파 장비를 통해 검사하고자 하는 부위를 실시간으로 확인하면서 검체를 수집할 수 있으며 혈관의 분포 등을 확인할 수 있어 출혈과 같은 잠재적인 합병증을 최소화하고 출혈 여부를 신속하게 확인할 수 있는 장점이 있다.

초음파유도생검(Ultrasound-guided biopsy)는 초음파 검사 유도 하에 체외에서 가는 바늘을 병변에 삽입하여 조직을 얻는 방법이다. 세침흡인 세포검사(Fine needle aspiration biopsy)와 조직생검 검사(Core biopsy)로 크게 나뉘며 세침흡인 세포검사는 미세한 주사바늘을 조직에 삽입하여 음압을 걸어 세포를 빨아내어 검사하는 방법이며, 조직생검 검사는 세침흡인 세포검사보다 더 굵은 바늘을 이용하여 조직의 일부를 잘라내어 검체를 채취하는 방법이다. 또한 초음파 유도 하에 체액(방광 내 요, 흉수나 복수 등)을 흡인하여 실험실검사를 진행하는데 초음파유도 방광천자는 의인성 오염을 최소화할 수 있어 요배양검사 등에 적합하다.

01 초음파 유도 흡인술(Ultrasound-guided aspiration)

초음파 유도하 세침흡입술은 초음파 검사를 통해 조직 검사를 시행할 위치를 확인한
후 피부를 소독하고 초음파기기로 병변을 확인하면서 주사기를 이용해 세포 또는 조
직을 얻어 검사하는 방법이다. 환자에게 약간의 통증, 혈종, 검사 부위 부종 등이 발생
할 수 있지만 심각한 합병증은 거의 없으며 간단하고 안전한 검사이다.
초음파 유도 흡인술을 위한 동물환자의 보정(자세잡기) 방법은 복부초음파의 보정방법
과 동일하며 채취 부위에 따라 응용 보정법이 적용된다. 실질 장기에 주사침이 적용되
므로 출혈 및 조직손상 방지를 위해 동물환자의 움직임을 제한하고 세밀한 부위의 흡
인 시에는 더욱 주의한다.

02 초음파 유도 흡인술(Ultrasound-guided aspiration) 검사 절차

<검사 준비물>

① 23G(or 25G) 바늘이 부착된 10ml 주사기 – 검체 채취용
② 표본제작용 슬라이드 – 환자의 이름과 채취 부위를 마킹
③ 피부 소독용 알코올 솜
④ 검사 후 압박용 거즈
⑤ Diff – Quik 염색 시약

수의사가 검체를 채취하면 가능한 한 빨리 주사 바늘을 주사기로부터 분리하고 피스
톤을 5mL 정도 잡아 당기며 다시 주사 바늘을 주사기에 부착시키고 유리 슬라이드에
바늘 끝의 경사면이 달라붙게 하고 피스톤을 밀어 바늘 속의 검체를 슬라이드에 뿜어
낸다. 슬라이드 한 장을 가볍게 위에 올린 후, 얇고 균일하게 도말 되도록 약간 압박하
면서 양측으로 잡아당기며 샘플을 제작하여 Diff – Quik 염색시약 등으로 염색한다.

그림 5-14 초음파 유도 흡인술

6

CT, MRI 검사의 이해

CHAPTER 01

CT 검사의 기본원리와 CT 기기의 구성

01 CT(Ccomputed tomography, 컴퓨터 단층촬영)의 정의 및 기본원리

1) CT 검사의 정의

CT 검사란 엑스선(방사선)을 사용하여 다양한 각도에서 동물 몸의 단면상을 촬영한 후, 이를 컴퓨터로 재구성하는 영상검사법이다. CT는 대비도가 뛰어난 고해상도의 영상을 제공하여 해부학적인 구조물 간의 차이를 명확하게 확인할 수 있으며, 다양한 부위의 검사가 가능하다. 일반 방사선검사(예: DR 혹은 CR)와 동일한 엑스선을 사용하여 스캔한다는 점에서는 유사하나, 고용량의 방사선을 투과시킨다는 점, 해부학적인 구조의 단면을 관찰할 수 있다는 점, 3차원 영상의 구현이 가능하다는 점에서 크게 다르다.

02 CT 장비의 구성

1) CT실의 구성

CT실은 CT 검사실과 조정실, 기계실로 구성되어 있다.

① CT 검사실은 CT 장비가 놓인 곳인데, 불필요한 방사선 노출로부터 수의사와 동물 보건사를 보호하기 위하여 조정실과 분리되어 있다(그림 6-1). CT 검사실의 벽과 유리는 납벽과 납유리로 구성되어 있다(그림 6-1, CT 검사실과 장비 구성).

② 조정실은 CT 촬영 조작을 하는 곳으로 조작 콘솔, 마취기, 동물의 마취 상태를 감시하기 위한 마취 모니터링기가 구비되어 있는 곳이다(그림 6-2, CT 조정실과 장비 구성).

③ 기계실은 CT 장비에 전력을 공급하는 역할을 하는 장비와 메인 컴퓨터들로 구성되어 있다.

2) CT 장비의 구성

CT 장비는 크게 CT 검사실의 갠트리(gantry), 테이블(table)과 조정실의 조작 콘솔(operating console)로 구성되어 있다.

① **갠트리(Gantry):** CT 장비의 핵심 부분으로, 원형의 갠트리에는 X-ray가 발생되는 엑스선 튜브와 환자의 몸을 투과한 엑스선을 받아들여 전기신호로 변환하는 검출기(detector)가 포함되어 있다.

② **테이블(Table):** CT 스캔동안 마취된 환자가 위치하게 되는 이동 가능한 테이블로, 테이블의 높이, 방향, 위치 조정을 위한 버튼은 갠트리 전면부에 위치해 있다.

③ **조작 콘솔(Operating console):** CT 기기를 운영하고 제어하기 위한 조정장치로 CT 스캔 프로토콜을 설정하고 스캔을 수행하는 데 사용된다.

④ **그 외 CT 촬영 시 필요한 장비**

- 조영제 오토인젝터(Autoinjector): CT 촬영 시 조영제를 자동으로 주입하기 위한 기기로 조영제의 주입양이나 주입속도를 설정하여 사용할 수 있는 장점이 있다.

- 호흡 마취기: 정확한 CT 영상을 얻기 위해서는 환자의 움직임을 최소화해야 한다. 따라서, CT 촬영 시 호흡마취는 필수적이다. 호흡 마취기는 조정실에 위치해 있다.

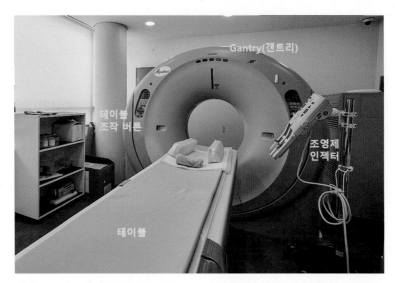

그림 6-1 CT 검사실과 장비구성

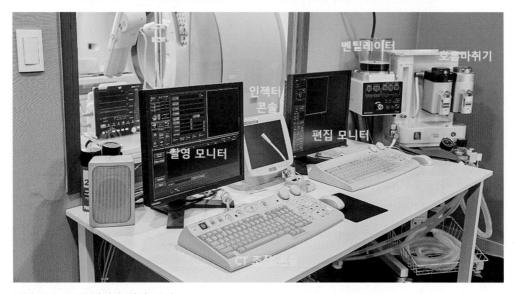

그림 6-2 CT 조정실과 장비 구성

3) CT 작동의 원리

마취된 환자가 테이블에 눕혀지고 스캔이 시작되면, X-ray 튜브(X-ray 발생장치)와 검출기(detector)가 있는 원형의 갠트리가 회전을 하고, CT 테이블이 이동을 하면서 촬영이 이루어진다(그림 6-3).

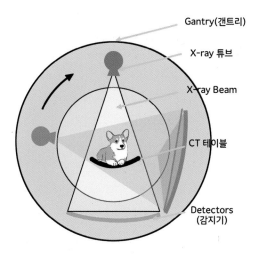

그림 6-3 CT 촬영의 원리를 설명해주는 모식도

CHAPTER 02

CT 기기의 종류 및 CT 검사의 임상적 적용

01 CT 기기의 종류

1) CT 스캔 방식에 따른 분류

① **Conventional CT(전통 CT):** 갠트리와 테이블이 정지한 상태에서 환자의 정해진 한 부위에 엑스선을 방출하여 하나의 횡단면 영상을 획득한다. 부위별로 다양한 영상 단면을 얻기 위해서는 여러번의 회전이 필요하므로 상대적으로 긴 CT 촬영시간이 요구된다.

② **Helical CT(나선형 CT):** 갠트리가 회전함에 따라, CT 테이블도 연속적으로 이동하면서 나선형의 경로로 환자를 스캔한다. 나선형 스캔은 영상 단면을 빠르게 획득할 수 있으며, 3D 영상을 얻을 수 있다는 장점이 있다.

2) CT 장비의 검출기(dector) 수에 따른 분류

① **SDCT(Single-Detector CT):** SDCT는 하나의 검출기로 구성되어 있으며 한 번에 하나의 영상단면을 획득한다.

② **MDCT(Multi-Detector CT):** MDCT는 2개 이상의 검출기로 구성되어 있으며, 한 번의 갠트리 회전으로 여러 장의 영상 단면을 획득한다. 이러한 특징으로 인하여 영상획득이 빠르게 이루어지고, 환자의 CT 촬영시간이 단축된다. 또한 높은 해상도를 갖는 영상을 얻을 수 있다는 장점이 있다(그림 6-4).

▌MDCT의 종류

　MDCT의 종류는 4채널부터 8, 16, 64, 128, 256채널까지 다양한데, 현재 동물병원에 보급되어 있는 CT 기기의 사양은 대부분 16채널, 64채널의 MDCT이다.

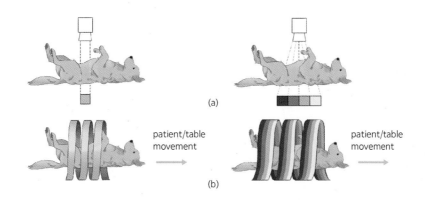

그림 6-4 SDCT와 MDCT의 차이

02 CT 검사의 특징과 임상적 적용

1) CT 검사의 특징

① 신체 단면에 대한 해부학적인 정보를 제공한다.

② 고해상도의 3D 이미지를 생성할 수 있어 조직의 정확한 위치와 형태를 파악하는 데 도움을 준다.

③ 혈관, 뼈, 연부조직 등 X-ray 검사에 비해 다양한 조직밀도 구분이 가능하다.

④ 검사 소요시간이 10분 내외로 짧은 것이 큰 특징이다.

2) CT 검사의 다양한 적용

CT검사는 주로 흉부와 복부의 종양성 질환, 근골격계질환, 전이평가, 혈관기형 질환을 진단하기 위해 실시한다.

① **머리와 목:** 비강, 귀의 염증 및 종양성 질환의 진단, 두개골 골절의 진단

② **척추:** 척추 골절의 진단

③ **흉부:** 폐, 심방, 종격, 흉벽등의 흉부 기원의 종양의 진단 및 전이평가

④ **복부:** 간, 비장, 신장, 췌장, 부신등의 복강 내 종양의 진단, 혈관기형질환(예: 간문맥 전신단락)의 진단

⑤ **근골격계 및 관절:** 사지골절 및 근골격계 종양의 진단

03 CT 검사에서 사용하는 조영제

1) 조영검사의 특징

조영제를 사용하면, 조직 간의 대비도가 증가되고 내부의 구조를 뚜렷하게 시각화하므로써 CT 영상을 더욱 잘 평가할 수 있게 된다. 특히 종양, 염증과 같은 이상 부위는 주변 조직과 대비가 더욱 뚜렷하게 나타나 정확한 진단을 가능하게 한다. 또한 혈관조영술을 통해 주요 혈관(예: 대동맥, 간문맥 등)과 이상혈관(예: 간문맥전신단락)의 구조와 형태를 잘 평가할 수 있게 한다(그림 6-5).

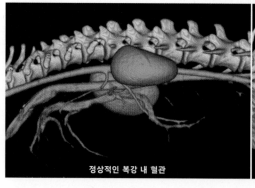
정상적인 복강 내 혈관

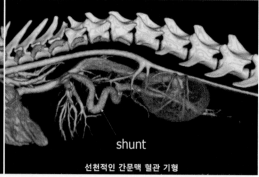
shunt
선천적인 간문맥 혈관 기형

그림 6-5 CT 혈관조영술을 통한 간문맥 혈관기형의 진단

2) 조영제를 이용한 CT 촬영 과정

일반적으로 CT 검사의 스캔과정은 조영 전 촬영(pre contrast scan)과 조영 후 촬영(post contrast scan) 두 단계로 이루어진다. 조영 전 촬영(pre스캔)은 조영제 사용없이 검사부위를 촬영하는 과정이다. 조영 후 촬영(post 스캔)은 조영제를 주사하고 수분 정도 경과한 후에 동일부위를 촬영하는 과정이다. 조영 전과 조영 후 두 개의 영상을 비교하여 조영증강효과를 평가하고, 이를 통해 병변에 대한 정보를 얻게 된다(그림 6-6).

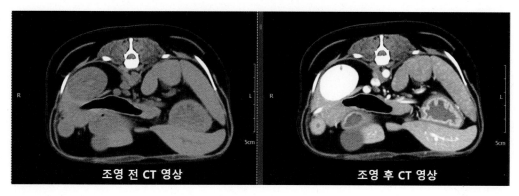

그림 6-6 조영 전 CT 영상과 조영 후 CT 영상의 비교

3) 조영제를 이용한 CT 촬영 과정

① **CT 조영제의 종류와 특징:** 비뇨기계 조영술에서 사용한 요오드(Iodine) 조영제를 CT 검사에서도 사용한다. 요오드 조영제는 점도가 높아 투여 전에 따뜻하게 가온하여 정맥주사 하는 것을 추천한다. 요오드 조영제의 주된 부작용으로는 과민반응, 저혈압, 주사 시 일시적인 열감 등이 있다. 고삼투물질이므로 탈수가 있는 동물 환자에서는 수화 후에 사용할 수 있도록 주의해야 한다.

② **CT 조영제의 용량:** 요오드 조영제의 적용 용량은 체중당 800mg I/kg이다. 예를 들어, 300mg I/ml의 상품은 약 3ml/kg을 사용한다(그림 6-7).

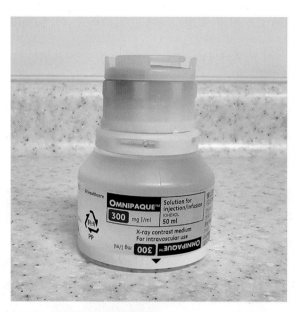

그림 6-7 CT 요오드 조영제
- Omnipaque® 300mg, I/ml

③ 조영제의 투여 방법

- 수동 투여 방법: 일반 주사기를 통해 환자의 카테터로 조영제를 직접 정맥 투여하는 방법이다.
- 자동투여방법: 자동주입기(Auto-injector)를 통해 환자의 카테터로 조영제를 정맥투여하는 방법이다. 수동투여방법과 구별되는 점은 수초 내에 다량의 조영제 투여가 가능하며 투여량 및 투여속도의 조절이 가능하다는 것이다. 자동주입기를 사용할 경우에는 조영제를 담는 카트리지(조영제를 담는 용기)나 코일링 연장 튜브 안을 채우는 조영제의 양이 필요하므로 실제 투여량보다 여유있게 준비해야 한다.

CHAPTER 03

CT 검사 준비

CT촬영을 위해서는 일반적으로 동물 환자의 전신 마취가 필수적이다. 환자의 움직임을 최소화하여야 정확한 영상 획득 및 판독이 가능하기 때문이다.

01 환자 평가와 사전검사

CT 검사 전에 이루어지는 환자평가와 사전검사는 수술을 위한 마취 전 과정과 거의 유사하며, 일반적으로 아래와 같은 절차를 수행한다.

1) 환자의 절식여부를 확인하고, CT검사 및 마취 동의서 작성

전신마취를 위해서는 최소 8시간 이상 금식이 이루어져야 한다. 보호자 질문을 통해 절식 여부를 재확인하고, 검사 및 마취 동의서를 작성한다. 동의서 작성 시에는, 마취 과정 중 나타날 수 있는 일반적인 부작용(서맥, 저혈압 등)의 가능성에 대해 반드시 안내해야 한다.

2) 마취 전 검사 실시

마취 전 검사(신체검사 및 vital sign 측정, 마취 전 혈액검사, 흉부방사선검사)를 실시한다.

3) 환자의 상태에 대한 평가 및 적절한 마취 관련 약물의 결정

사전검사를 통하여 환자의 상태에 대해 평가한 후, 전신마취 여부를 결정한다. 마취가 불가능한 상태의 환자나 움직임이 없는 환자의 경우에는 예외적으로 무마취 촬영을 실시하기도 한다.

CT 기기의 준비와 마취기 점검 및 준비

1) CT 웜업(warm up)

① CT 장비 전원을 켜고, CT 웜업을 진행한다.

② CT 웜업은 환자 스캔을 수행하기 전에 CT 장비를 사전에 예열하고 안정화하는 과정이다. 일반적으로 하루의 시작 시점에 일정한 주기로 수행되며, 장비가 최적의 작동상태로 유지되도록 도와준다. 환자에게 안전한 촬영과 정확한 진단을 제공하기 위한 중요한 단계이다. CT웜업 중에는 방사선이 발생되므로 촬영실 내에 들어가지 않도록 주의해야 한다.

2) 마취기의 점검 및 준비

흡입마취제의 잔여량, 산소라인 점검 및 산소 공급실 산소잔여량 확인, 이산화탄소 흡수제 교체 날짜를 확인한다(그림 6-8). 호흡회로(마취기와 호흡 tube의 연결, 호흡 tube와 ET CO_2 line의 연결)를 연결하고 정상적으로 작동하는지 확인한다.

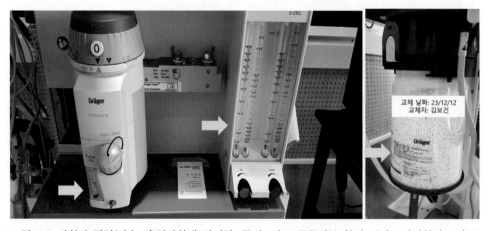

그림 6-8 마취기 점검(좌측: 흡입마취제 잔여량, 중간: 산소 공급여부 확인, 우측: 이산화탄소 흡수제 상태확인)

03 CT 촬영을 위한 환자의 준비

1) IV 정맥 라인 확보와 수액 연결

IV 카테터 장착 시에는 22G 이상의 카테터를 사용하는 것을 추천한다. 24G와 같은 얇은 카테터를 사용하여 조영제를 빠르게 주입할 경우 조영제의 점도가 높아서 압력이 많이 걸리거나, 혈관이 터질 수 있다.

2) 마취 유도약물과 삽관 준비

① 일반적으로 마취 유도약물로 Propofol을 사용하지만, 심혈관계 환자의 경우 Etomidate를 사용하는 경우가 있으므로 수의사에게 사용 약물의 종류를 최종 확인받고 준비한다. Propofol의 용량의 사용 용량은 4−6mg/kg이다. 상태가 양호하지 않은 환자들을 위해 응급약물을 미리 준비해 두는 경우도 있다.

② 다음은 삽관 시 필요한 준비물이다. 기관 튜브(ET tube) 사이즈의 선택은 환자의 체중과 흉부방사선 사진상의 기관직경을 고려하여 결정한다.
  • 기관 튜브(ET tube), 후두경, 윤활젤, 커핑 주사기(ET tube의 커프를 채울 주사기), 멸균거즈 2−3장

3) 심전도(ECG) 패드의 부착

환자의 털이 없는 발바닥에 심전도 패드를 부착한다. CT 촬영의 경우 양측 앞다리와 좌측 뒷다리 세 부위에 패드를 부착한다(비교: MRI 촬영 시에는 양측 앞다리, 양측 뒷다리에 부착한다).

04 조영제의 준비

300mg I/ml의 조영제는 약 3ml/kg을 주사기에 뽑아, 손으로 감싸 쥐거나 보온팩으로 감싸 따뜻하게 준비해 둔다.

CHAPTER 04

CT 촬영 과정과 동물 보건사의 역할

01 환자의 마취 수행 및 자세잡기

1) 환자의 마취

환자의 마취를 진행하고 모니터링 케이블(ECG, SpO2, 혈압) 등을 연결하여 마취상태가 안정화되면, 환자의 자세 잡기로 도입한다.

2) 환자의 자세잡기(positioning)

환자의 촬영 자세를 결정하는 데는 두 가지 측면을 고려해야 한다.

① 첫 번째 고려할 사항은 환자의 눕는 자세이다. 환자 폐의 팽창을 원활하게 하기 위해서는 대부분의 경우(흉부, 복부, 두개골 촬영)에는 환자를 배복(DV)상 자세로 눕히고 촬영한다. 골반 CT 촬영과 대형견의 복부 촬영을 위해서는 복배(VD)상 자세를 선택한다.

② 두 번째 고려해야 할 사항은 환자의 머리의 방향이다. 머리가 갠트리를 향하도록 하는 Head first(머리 먼저)자세와 뒷다리와 꼬리가 갠트리를 향하도록 하는 Feet first(뒷다리 먼저)자세가 있다. 동물의 크기(소형견 혹은 대형견), 테이블 이동 거리 등을 고려하여 촬영부위에 따라 적절하게 선택한다. 일반적으로 흉부, 복부, 두개골 촬영의 경우에는 Head first(머리 먼저)자세를 취하며, 골반 CT 촬영의 경우 Feet first(뒷다리 먼저)자세 방법을 선택한다.

3) 보정하기와 케이블 정리

① **보정하기:** 마지막으로 환자 몸통의 회전이 없으며, 신체가 좌우측 대칭인지를 확인한다. 이 과정은 X-ray 촬영 시 점검하는 부분들과 유사하다. 필요에 따라 환자의 몸통 양쪽 옆으로 보정틀이나 동물 고정패드를 놓기도 하며, 복배(VD)상 자세의 경우 테이블 이동에 따른 다리의 흔들림이 없도록 의료용 테이프(마이크로 포어 혹은 듀라포어)를 이용하여 다리를 고정하기도 한다(그림 6-9).

② **저체온증 예방을 위한 조치와 케이블 정리:** 낮은 CT실의 온도와 마취는 저체온증을 쉽게 유발할 수 있다. 따라서 담요와 적절한 핫팩을 사용하여 환자의 저체온증을 예방하도록 한다. 마지막으로 테이블의 이동에 따라 수액줄이나 마취 모니터 케이블들이 서로 얽히지 않도록 정리한다.

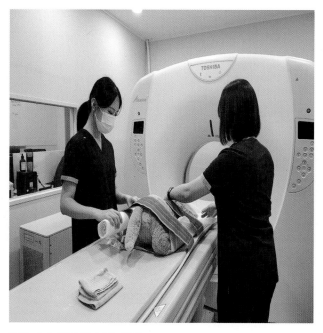

그림 6-9 환자의 자세 잡기

1) CT Scout(스카웃) 촬영

환자의 자세 잡기가 끝나면, 갠트리에 위치한 버튼을 눌러 촬영 부위를 Scout line에 조준한 후 0점으로 세팅한다. CT scout 촬영은 신체 전신을 외측상과 VD(복배)상 혹은 DV(배복)상 두 이미지로 획득한다(그림 6-10). 스카웃 영상은 본 촬영 부위를 지정하기 위한 기본 영상이다. 스카웃 영상 촬영을 통해 적절한 자세, 대칭, 스캔 범위 포함여부를 판단한다.

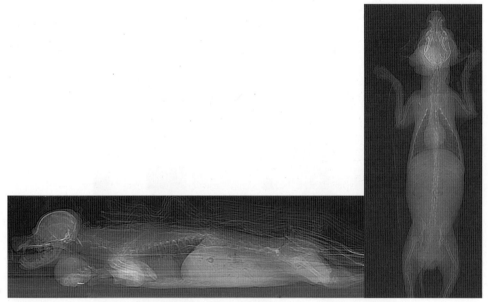

그림 6-10 CT Scout 영상 - 전신 외측상과 복배상 영상

2) Pre scan(조영 전 촬영)과 Post scan(조영 후 촬영)

① CT scout 촬영이 끝나면, 본 촬영을 실시한다. 스카웃 촬영 영상을 통해 본 스캔 영역을 지정하여 Pre scan(조영 전 촬영)을 실시하고 준비된 조영제를 주사한 후 Post scan(조영 후 촬영)을 실시한다.

② 촬영 과정은 촬영 부위, 혈관 조영술 여부에 따라 조금씩 차이가 있다. 이를테면 흉부와 복부 촬영의 경우, 흔들리지 않은 영상을 얻기 위해 짧은 시간 동안 환자의 무호흡 상태를 유발하는 과정이 있다. 또한, 폐 전이평가를 위한 흉부 촬영에서는

환자의 폐가 최대한 확장된 채, 호흡을 일시적으로 멈추어야 하는 breath−holding (호흡참기)이라는 과정이 포함되기도 한다.

CHAPTER 05

MRI 검사의 기본원리와 MR 기기의 구성

01 MRI(Magnetic Resonance Imaging)의 정의 및 기본원리

1) MRI 검사의 정의

동물의 몸은 약 60%가 수분(H2O)으로 이루어져 있다. MRI 검사는 강력한 자기장을 이용하여 체내의 수소(H) 원자핵을 공명시켜 방출되는 에너지를 영상화하고 이를 통해 신체 내부를 보여주는 영상검사다.

2) MRI 작동의 원리

동물 환자가 강력한 자기장 속에 놓이면, 체내 수분 속의 수소 원자가 외부 자기장에 의해 일정한 방향으로 정렬한다. 이때, RF 코일을 이용하여 고주파 펄스(pulse)를 조직에 적용하면 외부 자기장에 의해 정렬된 수소 원자들의 정렬이 바뀌게 되고, 이러한 재정렬 과정 중 발생되는 에너지가 영상을 만들게 된다.

▌ MRI 검사 관련 용어

① 공명: 물리학, 의학용어로, 두 개체나 두 시스템 간에 특정하고 동일한 주파수의 진동이 주어지면 파동이 전달되어 함께 진동하게 되는 반응을 말한다.

② 자기공명: 자기장 내에 놓여진 어떤 물질이나 물체가 특정 주파수의 자기장에 노출되면, 그 주파수에 해당하는 에너지를 흡수하고 방출하는 현상을 말한다.

③ 자기장의 단위: 자기장의 강도는 테슬라(Tesla, T)라는 단위를 사용한다.

 02 MRI(Magnetic Resonance Imaging) 장비의 구성

1) MRI실의 구성

MRI실은 검사실과 조정실, 기계실로 구성되어 있다.

① **MRI 검사실:** MRI 갠트리와 테이블이 있는 곳이다. 주변 환경의 전자파를 차단하여 자기장 간섭을 최소화할 수 있도록 구리(Cu)로 둘러싼 벽으로 설계되어 있으며, MRI 촬영 시에 발생하는 소음과 진동을 최소화할 수 있도록 만들어져 있다.

② **MRI 조정실:** MRI 조정실은 MRI 촬영 조작을 하는 곳으로 MRI 조작콘솔, 마취기, 동물의 마취 상태를 감시하기 위한 마취 모니터링기가 구비되어 있는 곳이다(그림 6-11). 비자성(자성이 없는)의 마취기나 모니터링기는 MRI 검사실 내로 들어갈 수 있으나 매우 고가이기 때문에 일반적인 마취기와 모니터링기는 조정실에 위치한다.

③ **MRI 기계실:** 기계실은 MRI 가동을 위해 필요한 전원공급장치와 메인 컴퓨터가 위치한 곳이다. MRI 시스템은 전력 소비가 크므로 상당한 열을 발생시킨다. 컴퓨터 및 전자장비의 안정성과 성능 유지를 위해 냉방 및 냉각 장치가 필수적이다.

그림 6-11 MRI 조정실의 구성

2) MRI 장비의 구성

MRI 운영 장비는 크게 검사실의 갠트리(Gantry), 테이블(Table), RF 코일과 조정실의 조작 콘솔(operating console) 및 컴퓨터로 구성되어 있다(그림 6–12).

① **MRI 갠트리(Gantry):** MRI의 자석이 내장되어 있는 부분이다. 갠트리에 내장된 자석의 종류에 따라, 자기장의 세기가 달라진다.

② **MRI 테이블(Table):** MRI 스캔동안 마취된 환자가 누워 있는 테이블이다. 갠트리 전면부에 테이블의 높이와 방향을 조절할 수 있는 조작 버튼이 위치해 있다.

③ **RF(Radio-frequency) 코일**

- RF 코일의 역할: 동물 환자의 촬영 부위에 위치시켜 영상을 얻는 장치이다. RF 코일은 수소 원자핵을 자극하는 역할과, 이를 통해 생성된 RF 신호를 감지하여 컴퓨터에 전달하는 역할을 한다. 촬영 부위와 코일 사이의 거리가 멀어질수록 영상의 질이 감소하기 때문에, 동물의 크기와 촬영 부위에 가장 적합한 크기의 코일을 선택하여 촬영해야 한다.

- RF 코일의 선택: 사람의 몸통(Body coil), 척추(Spine coil), 머리(Head coil), 무릎(Knee coil), 손목(Wrist coil)의 크기에 맞춰진 다양한 코일이 있다(그림 6–13). MRI 장비의 제조사에 따라 차이가 있으나, 일반적으로 소형견과 고양이의 머리 촬영 시에는 무릎 코일, 대형견의 머리 촬영 시에는 머리 코일을 사용한다. 척추 촬영 시에는 척추 코일 또는 머리 코일을 사용한다(그림 6–13).

④ **MRI 조작 콘솔(Operating console)**: MRI 기기를 운영하고 제어하기 위한 조
정장치로 MRI 촬영 프로토콜을 설정하고 촬영한 영상을 PACS(의료영상저장전
송시스템)나 다른 기기로 전송할 수 있다.

⑤ **컴퓨터:** MRI 촬영 시 생성되는 다양한 전기신호 데이터를 수집하고 처리하여,
해석 가능한 이미지(Image)로 만들어 내는 역할을 하는 장치이다.

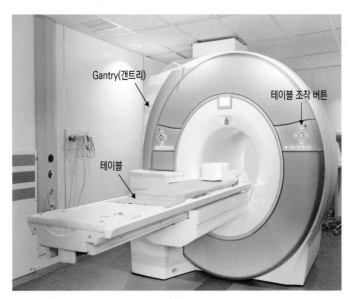

그림 6-12 MRI 장비의 구성

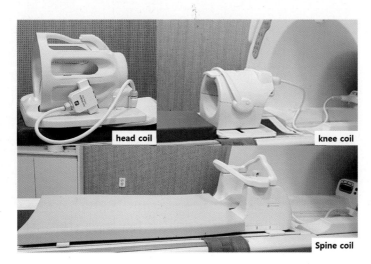

그림 6-13 RF 코일의 종류

3) MRI 검사실의 주의사항

MRI 검사실은 강력자장 구역이므로 동물보건사는 MRI 특유의 여러 안전 조치 및 환자 관리에 대해 알고 있어야 한다. 자성에 의해 금속 기구들이 당겨지거나, 겐트리로 날아가는 위험한 일들이 일어나지 않도록 예방해야 한다.

① 동물 환자의 금속 부착물(목줄, 인식표 등)을 미리 제거해야 한다. 골절 수술 시 사용한 금속의 정형외과 장치가 있는 경우에는 해당 부위는 MRI 촬영이 어려우며, 심박 조율기(Pacemaker)를 장착한 경우에는 MRI 촬영이 불가능하다.

② 의료진의 금속 장신구(머리핀, 악세서리)와 금속 의료기기나 전자장치(의료용 가위, 포셉, 산소통, 수액펌프 등)는 검사실 안으로 들어갈 수 없다. 보청기나 심박조율기, 두개골 내에 헤모 클립 등을 장착한 수의사나 동물 보건사 역시 MRI실로 들어갈 수 없다.

③ 전자기기와 자성을 띄는 제품(휴대폰, 전자시계, 신용카드 등)은 가지고 들어갈 수 없다.

④ 환자의 마이크로칩은 일반적으로 안전문제를 일으키지 않는다. 다만, 마이크로칩으로 인해 MRI 영상에서 허상(artifact)이 발생하여 주변 조직 평가가 어려울 수 있다(그림 6-14). 따라서 마취 전에 흉부방사선검사를 통해 마이크로칩의 위치를 미리 파악해 두는 것이 좋다.

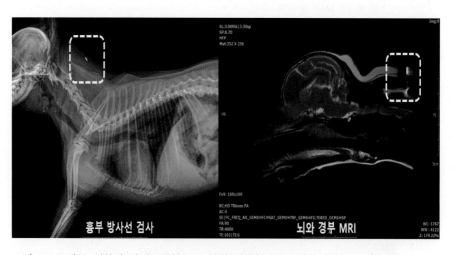

그림 6-14 경부 피하의 마이크로칩으로 인해 발생한 MRI 영상의 허상(artifact)

CHAPTER 06

MRI 기기의 종류 및 임상적 적용

01 MRI 기기의 종류

MRI 자석의 자기장의 세기에 따라 아래와 같이 분류한다.

1) 저, 중자기장(Low / Intermediate field) MRI

1.0T 이하의 자기장을 사용하는 장비로 가격과 유지비가 저렴하나 자기장의 강도가 낮아 영상의 해상도가 떨어지고 촬영 시간이 상대적으로 길다.

2) 고자기장(High-field) MRI

일반적으로 1.5 T 이상의 자기장을 사용하는 장비를 말한다. 높은 자기장 강도로 뛰어난 해상도를 제공하며, 미세한 구조 및 조직의 세부 영상을 뚜렷하게 보여준다. 저자기장 장비에 비해 촬영시간이 짧지만, 고가의 초기 비용과 유지비가 필요하다. 최근에는 대부분의 동물병원에서 1.5T 고자기장 MRI를 사용하고 있으며 3T MRI를 운용하는 병원도 있다.

1) MRI 검사의 특징

① MRI 검사는 자기장을 이용한 검사법으로 CT와 달리 방사선 피폭의 우려가 없다.

② 미세한 움직임에도 민감하게 반응하므로 환자의 마취는 필수적이며 CT보다 검사 시간이 길다.

③ MRI 검사는 CT보다 연부조직 대비도가 뛰어나 뇌와 척수의 영상평가 시, 매우 우수하다. 현재 수의학에서는 주로 뇌, 척수, 관절 질환의 진단을 위해서 MRI 검사를 실시한다.

▼ 표 6-1 CT 검사와 MRI 검사의 비교

CT	vs	MRI
방사선을 이용	검사원리	자석과 전자기파 이용
흉부, 복부 질환, 근골격계 질환	진단질환	신경계 또는 관절질환
5-10분	촬영시간 (한 부위)	고자기장 MRI: 약 30분 저자기장 MRI: 약 1시간

2) MRI 검사의 임상적 적용

MRI 검사는 동물의 해부학적인 단면을 보여준다는 점에서 CT 검사와 동일하나, 질병의 진단에 대해 획득할 수 있는 정보는 서로 다르다. MRI 검사는 주로 개와 고양이의 중추 신경계 질환의 진단에 사용한다. 경련, 안면마비, 시력소실, 보행이상, 허리통증, 사지마비와 같은 신경계 증상을 보이는 환자들이 검사 대상이 된다.

① **뇌 질환:** 뇌의 부종, 염증, 종양성 변화, 형태학적 이상에 대한 정보를 제공하여 아래와 같은 질병을 진단할 수 있다(그림 6−15).

   • 뇌의 염증성 질환(수막뇌염 등), 두개골 내 형태학적 이상(뇌수두증, 후두골이형성증 후군 등), 뇌종양, 뇌출혈/뇌경색의 진단

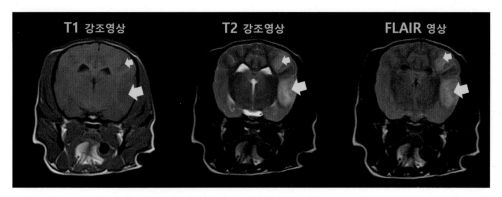

그림 6-15 수막뇌염(화살표) 개 환자의 뇌 MRI 가로 단면 영상

② **척수 질환:** 척수의 부종, 염증, 종양성 변화와 척수의 손상에 대한 정보를 제공한다 (그림 6–16). 디스크 탈출증에서 디스크 탈출의 정도, 위치 및 주변 조직에 미치는 영향을 정확하게 영상화하여 보여주며, 다음과 같은 질병을 진단할 수 있다.

- 척수염, 디스크 탈출증, 섬유연골색전증, 척추 골절로 인한 척수 손상 등

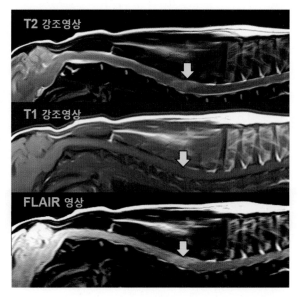

그림 6-16 척수염 개 환자의 경부 MRI 시상 단면 영상

③ **관절 질환:** 관절의 해부학적 구조에 대한 정보를 제공하며 주로 대형견에서 다음과 같은 질병을 진단할 수 있다.

- 중대형견의 십자인대 단열, 골연골증(OCD), 근육의 파열 등

3) MRI 검사의 시퀀스(Sequence)

MRI 검사는 환자의 증상에 따라 예상되는 질병을 고려하여 다양한 시퀀스를 선택하고 촬영한다. 각 시퀀스에 따른 영상학적 특징을 종합하여 진단에 이른다.

① **시퀀스(Sequence)의 정의:** MRI의 촬영 기법을 시퀀스라고 하며 각각의 고유한 방법으로 조직의 해부학적 구조를 시각화한다. MRI의 시퀀스는 사진 촬영 시 사용되는 다양한 필터와 유사한 개념을 갖는다.

② **시퀀스의 종류:** T1W(T1 강조), T2W(T2 강조), FLAIR(플레어), T1 contrast(T1 조영촬영) 등의 기본적인 시퀀스가 있으며 이외에도 DW(확산강조), T2*(T2 스타) 등과 같은 다양한 시퀀스가 있다. 다음은 일반적으로 기본촬영에 포함되는 시퀀스들의 영상학적 특징이다.

- T1W 시퀀스: 액체를 함유하거나 부종, 염증과 같은 조직은 어둡게 보이는 저신호로 나타난다. 지방은 밝게 고신호로 나타난다.
- T2W 시퀀스: 액체를 함유한 조직은 밝게 고신호로 나타나며, 정상적인 물과 뇌척수액, 부종, 염증과 같은 병변부도 고신호로 나타난다.
- FALIR(플레어) 시퀀스: 정상적인 액체는 저신호로 나타나고 조직 내 염증, 부종은 고신호로 나타난다. 뇌수막염, 척수염과 같은 염증 평가에 매우 유용하다.
- T1 contrast(조영) 시퀀스: 조영제 주입 후 T1 시퀀스를 촬영한 영상으로 종양이나 심한 염증 조직은 조영제를 흡수하여 고신호로 관찰된다.

▼ 표 6-2 MRI 시퀀스에 따른 MRI 영상의 평가

조직의 구성 성분	시퀀스		
	T1W	T2W	FLAIR
액체(뇌척수액)	저신호	고신호	저신호
부종/염증	저신호	고신호	고신호
지방	고신호	고신호	고신호
공기/뼈	무신호	무신호	무신호
출혈/경색	병변의 발생시점에 따라 다양		
* MRI 영상에서 고신호는 밝게(▭), 저신호는 어둡게(▬) 관찰			

MRI 검사에서 사용하는 조영제

1) 조영검사의 특징

MRI 조영제는 종양 및 염증 병변을 두드러지게 보여주고, 비정상적인 조직을 평가하는 데 도움을 준다. 특히 혈관 연구에 유용하다.

2) 조영제를 이용한 MRI 촬영 과정

MRI는 다양한 시퀀스를 촬영한 후, 마지막 단계에서 조영 후 T1W 영상을 촬영한다.

3) MRI 조영제

① **MRI 조영제의 종류와 특징:** CT 촬영 시에 요오드 조영제를 사용하는 반면, MRI 촬영 시에는 가돌리늄(Gadolinium) 성분의 조영제를 사용한다. 가돌리늄은 금속성분으로 자기장에 대한 높은 친화성을 가지고 있으며, 혈관이나 비정상적인 조직에 흡수되어 자기장을 강화시킨다. MRI 조영제는 일반적으로 부작용이 적고 안전한 편이다.

② **MRI 조영제의 용량과 투여 방법:** 가돌리늄 조영제는 0.1mmol/kg의 용량을 사용하며, 카터테를 통해 정맥투여한다.

💬 TIP!

❙ Clariscan® 사용할 경우 주의할 사항

　Clariscan® 상품을 동물병원에서 사용할 경우, 이는 0.5mmol/kg 농도를 갖는 상품으로 0.2ml/kg의 용량을 뽑아 주사한다. 5kg의 개는 1ml을 뽑아 주사한다(그림 6-17).

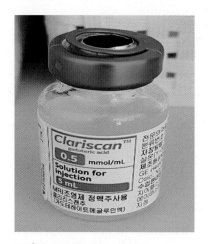

그림 6-17 Clariscan® MRI
조영제의 예시

CHAPTER 07

MRI 검사 준비

MRI 촬영을 위해서는 CT 촬영과 마찬가지로 동물 환자의 전신마취가 필수적이다. 환자의 움직임을 최소화하여야 정확한 영상 확보 및 판독이 가능하기 때문이다.

01 환자 평가와 사전검사

MRI 검사 전에 이루어지는 환자평가와 사전검사는 CT 과정과 거의 유사하며, 일반적으로 아래와 같은 절차를 수행한다.

1) 환자의 절식여부를 확인하고, MRI 검사 및 마취 동의서 작성

전신마취를 위해서는 최소 8시간 이상 금식이 이루어져야 한다. 보호자 질문을 통해 절식 여부를 다시 확인하고, 검사 및 마취 동의서를 작성한다. 동의서에는 마취 시 나타날 수 있는 일반적인 부작용(서맥, 저혈압 등)의 가능성에 대해 반드시 안내해야 한다.

2) 마취 전 검사 실시

마취 전 검사(신체검사 및 vital sign 측정, 마취 전 혈액검사, 흉부방사선검사)를 실시한다. 흉부방사선검사에서 마이크로칩이 확인된다면, 동물 보건사는 담당 수의사에게 보고한다.

3) 환자의 상태 평가 및 마취 관련 약물의 결정

사전검사를 통하여 환자의 상태에 대해 평가한 후, 전신마취 여부를 결정한다. 검사 시간이 짧은 CT 검사의 경우, 환자의 상태에 따라 마취 없이 촬영이 가능한 경우도 있으나, MRI 검사의 경우 마취 없이는 대부분 검사가 불가능하다.

02 MRI 기기의 준비와 마취기 점검 및 준비

1) MRI 장비의 준비

① MRI 기기와 컴퓨터의 전원을 함께 켠다.
② 동물의 크기와 촬영 부위에 알맞은 RF코일을 준비하고, 자세 보정 쿠션도 필요에 따라 준비한다.
③ 테이블이 환자의 배뇨로 인해 오염되지 않도록 패드를 준비해 둔다.

2) 마취기의 점검 및 준비

흡입마취제의 잔여량, 산소 line 점검 및 산소 공급실 산소잔여량 확인, 이산화탄소 흡수제 교체 날짜 확인한다.

03 MRI 촬영을 위한 환자의 준비

CT 촬영을 위한 준비과정과 유사하나, 다음과 같은 차이점이 있으므로 유의한다.
① 환자의 몸에 있는 금속 물질 확인 및 제거
② IV 정맥 라인 확보와 수액 연결
③ 마취 유도 약물과 삽관 준비
④ 심전도(ECG) 패드의 부착
MRI 촬영의 경우 양측 앞다리와 양측 뒷다리 모두 ECG 패드를 부착한다.

04 조영제의 준비

가돌리늄 조영제는 0.2ml/kg의 용량으로 주사기에 뽑아 준비해 둔다.

CHAPTER 08

MRI 촬영 과정과 동물 보건사의 역할

01 환자의 마취 수행 및 자세잡기

1) 환자의 마취

① 환자의 마취를 진행하고 모니터링 케이블(ECG, 혈압)을 연결하여 마취상태가 안정화되는 것을 확인한 후, 환자의 자세 잡기로 도입한다.

② 장시간 마취상태에서는 각막이 건조해지므로 마취 직후 점안젤을 점안하여 각막손상을 예방한다.

③ MRI 촬영 시에는 큰 소음이 발생한다. 소음으로 인해 환자의 마취상태가 각성되거나 환자가 자극받지 않을 수 있도록 동물 환자의 귀에 솜을 넣어 막아주기도 한다.

2) 환자의 자세잡기(positioning)와 보정하기

① **머리 촬영:** 배복상(DV) 자세를 취한 후, 두개골을 코일 안으로 위치시킨다. 코일안에 비어 있는 공간이 있다면 허상을 유발할 수 있으므로 보정 스펀지로 채워 넣는다. 양쪽 앞다리는 코일 밖으로 향하도록 한다. 몸통의 회전이 없고, 좌우측 대칭이 확인되면 코일의 중점에 레이저 빔을 맞춘 후, 0점으로 세팅한다(그림 6-18).

② **척추 촬영:** 복배상(VD) 자세를 취한 후 코일 위에 척추를 위치시킨다. 회전이 없고, 좌우측 대칭이 확인되면, 코일의 중점에 레이저 빔을 맞춘 후, 0점으로 세팅한다(그림 6-19).

3) 저체온증 예방을 위한 조치와 케이블 정리

① MRI 촬영은 장시간 촬영하므로 체온을 유지하기 위해 더욱 주의를 기울여야 한다. 담요와 핫팩을 사용하여 저체온증을 예방하도록 한다.

② 수액줄이나 마취 모니터케이블이 얽히지 않도록 정리하고 필요에 따라 의료용 테이프를 이용하여 테이블에 고정한다.

그림 6-18 머리의 MRI 촬영

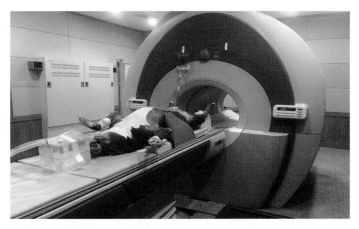

그림 6-19 척추의 MRI 촬영

1) MRI Scano(스캐노) 촬영

MRI Scano 촬영은 CT Scout 촬영과 유사한 기본 영상 촬영과정이다. 스캐노 영상을 통해 환자의 자세, 위치 등을 평가할 수 있으며, 스캔 영역에 검사 부위가 포함되지 않았거나 혹은 자세가 올바르지 않다면, 자세를 교정하고 재촬영한다.

2) Pre scan(조영 전 촬영)

앞에서 기술된 것처럼, MRI는 다양한 시퀀스(sequence)를 촬영한다. 일반적으로 한 시퀀스에 대해 각각 두 개 또는 세 개 단면을 촬영한다. 시상단면(Saggital Plane), 가로단면(Transverse Plane), 등단면(Dorsal plane)으로 촬영한다. 보통 머리(뇌)의 경우에는 약 10-12개의 시퀀스를, 척추의 경우에는 약 6-8개의 시퀀스를 촬영한다.

3) Post scan(조영 후 촬영)

시퀀스별로 MRI 촬영이 끝나면, 준비된 조영제를 주사한 후 조영 후 촬영을 실시한다.

▌관련 사진(그림 6-20과 그림 6-21)

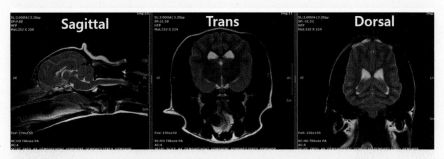

그림 6-20 개의 뇌 MRI 영상(T2 강조영상의 시상단면, 가로단면, 등단면)

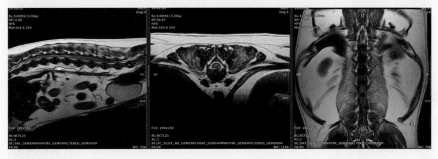

그림 6-21 개의 척수 MRI 영상(T2 강조영상의 시상단면, 가로단면, 등단면)

참고문헌

김대중(연구책임자). 수의학용어집, 농림축산검역본부 "수의학용어 표준화사업 및 용어집 발간"
　　연구결과보고서.
김남중, 김지연, 박세종, 박준서, 송승희, 장환수, 정재용. 애완동물간호학. 정문각. 2005.
동물간호복지사자격위원회 교과서출간위원회. 동물진단간호학·특수동물간호학. OKVET. 2012.
동물해부생리학교재연구회. 동물해부생리학 개론. 범문에듀케이션.
미국 일리노이주립대학 Imaging Anatomy(https://vetmed.illinois.edu/imaging_anatomy/)
엄기동. 진단적 가치 있는 방사선 촬영자세 및 방사선 해부학. OKVET.
황인수, 김진아, 김현주, 김희종, 문형준, 윤기영, 정재용, 정태호, 조경철, 최재하.
　　　NCS 학습모듈-수의 보조. 한국직업능력개발원. 2018.
황인수. 동물간호학 개론. 아카데미아. 2020.
한국수의영상의학교수협의회. 수의진단방사선과학(Text book of veterinary diagnostic radiolgy)
　　6판. OKVET.
한국동물보건사대학교육협회. 한번에 정리하는 동물보건사 핵심기본서. 박영story.
D.R. Lane, B. Cooper. Veterinary Nursing 3rd. Edition. Butterworth Heinemann. 2003.
Joanna M. Bassert and John A. Thomas. McCURNIN's clinical textbook for veterinary
　　　technician, 8th edition.
Radiographic Positioning for Dogs(Antech imaging service).
Testbool of Veterinary diagnostic radiology, Thrall.

저자소개

김경민

경상국립대학교 수의과대학 졸업
서울대학교 수의학석사(수의영상의학 전공)
경상국립대학교 수의학박사 수료
부산수의사회 이사
현) 경성대학교 동물보건생명과학과 교수

이왕희

충남대학교 수의과대학 졸업
충남대학교 임상수의학 석사
충남대학교 임상수의학 박사과정 수료
현) 연성대학교 반려동물보건과 교수

정재용

경북대학교 수의학과 박사
동물보건 국가 NCS 및 학습모듈 개발진
한국동물보건사대학교육협회 감사
현) 수성대학교 반려동물보건과 교수/학과장

천정환

건국대 수의대 학사 및 석박사 졸업
미국 FDA, 박사후연구원
오클라호마주립대 부속동물병원, 연수수의사
광양 동물메디컬센터, 진료수의사
현) 인제대학교 반려동물보건학과 교수

천행복

충북대학교 수의과대학 졸업
충북대학교 수의학 석사(수의영상의학 전공)
현) 부산경상대학교 반려동물보건과 교수

황인수

전북대학교 수의과대학 및 동대학원 졸업, 수의학 박사
현) 서정대학교 반려동물보건과 교수

동물보건영상학

초판발행   2024년 8월 30일

지은이   김경민·이왕희·정재용·천정환·천행복·황인수
펴낸이   노 현

편 집   탁종민
기획/마케팅   김한유
표지디자인   권아린
제 작   고철민·김원표

펴낸곳   ㈜ 피와이메이트
              서울특별시 금천구 가산디지털2로 53, 210호(가산동, 한라시그마밸리)
              등록 2014. 2. 12. 제2018-000080호
전 화   02)733-6771
f a x   02)736-4818
e-mail   pys@pybook.co.kr
homepage   www.pybook.co.kr
ISBN   979-11-6519-999-9   93520

정 가   22,000원

박영스토리는 박영사와 함께하는 브랜드입니다.